ネザーランドドワーフ
飼育バイブル

長く元気に暮らす 50のポイント

田園調布動物病院院長
田向健一 監修

メイツ出版

はじめに

近年、うさぎを飼育する人が増加しています。現在、ペットショップで扱われているうさぎにはさまざまな品種があります。これから紹介するネザーランドドワーフは数多くいる品種の中でもからだが体重1キロ前後と小柄で特に人気が高いうさぎの品種です。

ネザーランドドワーフは性格が活発な個体も多く、初めて飼育される方にも飼いやすい品種です。

ネザーランドドワーフはその黒目がちな目、まるっこい顔、短い耳など他のうさぎにはないたくさんの魅力を持ち合わせています。近年では、さまざまな毛色のものが出回っており、気に入ったカラーを選ぶ楽しみもあります。

その一方、体が小さいぶん、体力的に弱い一面があり歳をとってくると、病気になることもあり、特に高齢になると動物病院に通う機会が増えていくことがあります。飼育にはしっかりと愛情をもって、末永く付き合っていく覚悟が必要です。

ネザーランドドワーフのペットとしての日本での歴史は他のうさぎとくらべて浅く、食事や病気などを含め情報がとても少ないのが現状です。本書制作にあたり、ネザーランドドワーフをこれから飼いたい方やすでに飼われている方に向け、今までわかっていること、飼育管理から最期の看取りまで50のポイントを1冊にまとめました。

本書をきっかけにネザーランドドワーフが健康で長生きできる一助になれば監修者としてこれほど嬉しいことはありません。

田向健一

本書の見方

本書はネザーランドドワーフの適切な飼育法をテーマごとに紹介しています。
ポイントはもちろん、注意することや困ったときの対策などを確認し、
素敵なネザーランドドワーフとの暮らしを楽しみましょう。

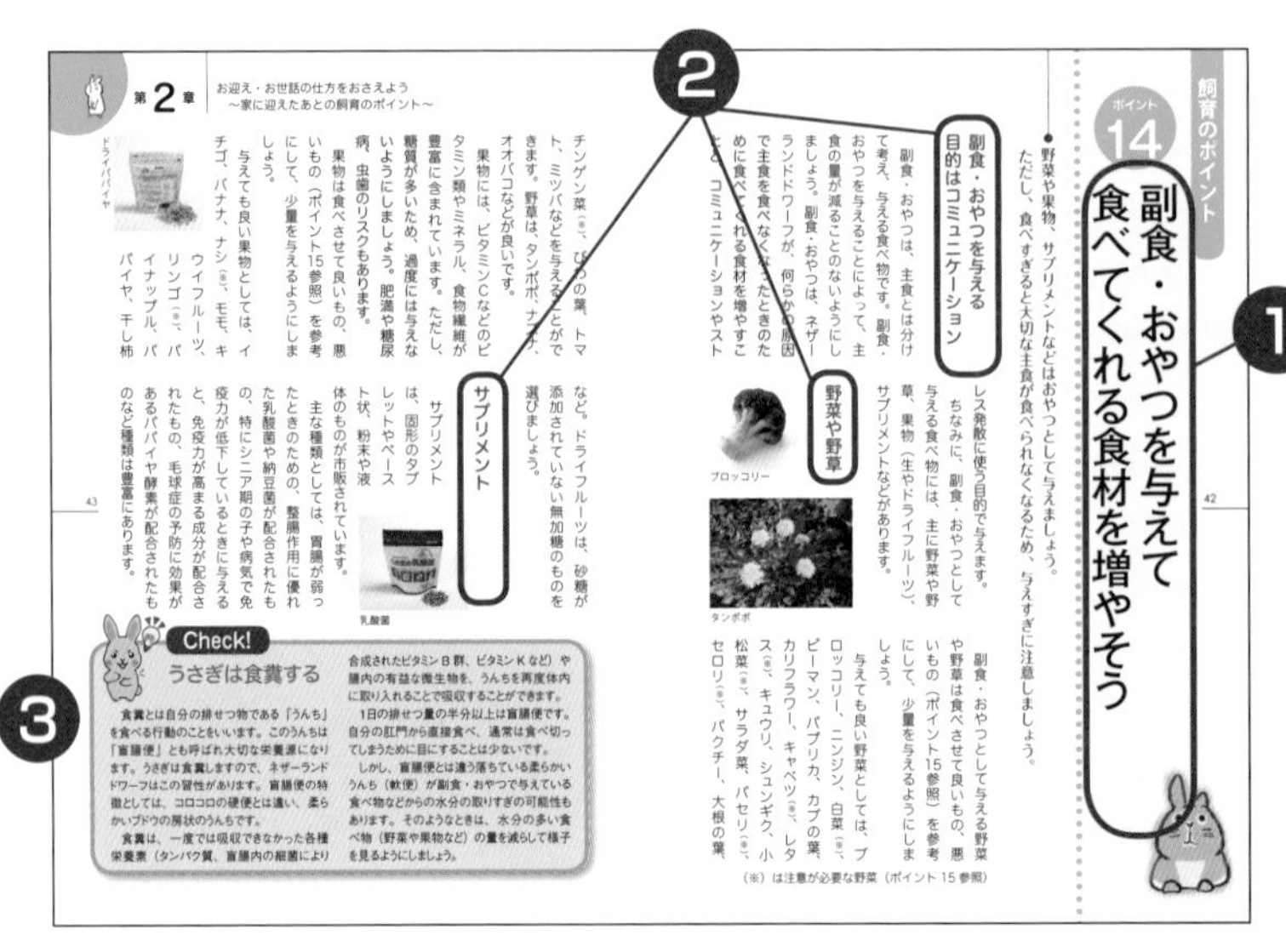

❶ 各ページのテーマ
飼育者がもつ疑問や目的別に
50のポイントでまとめられています。

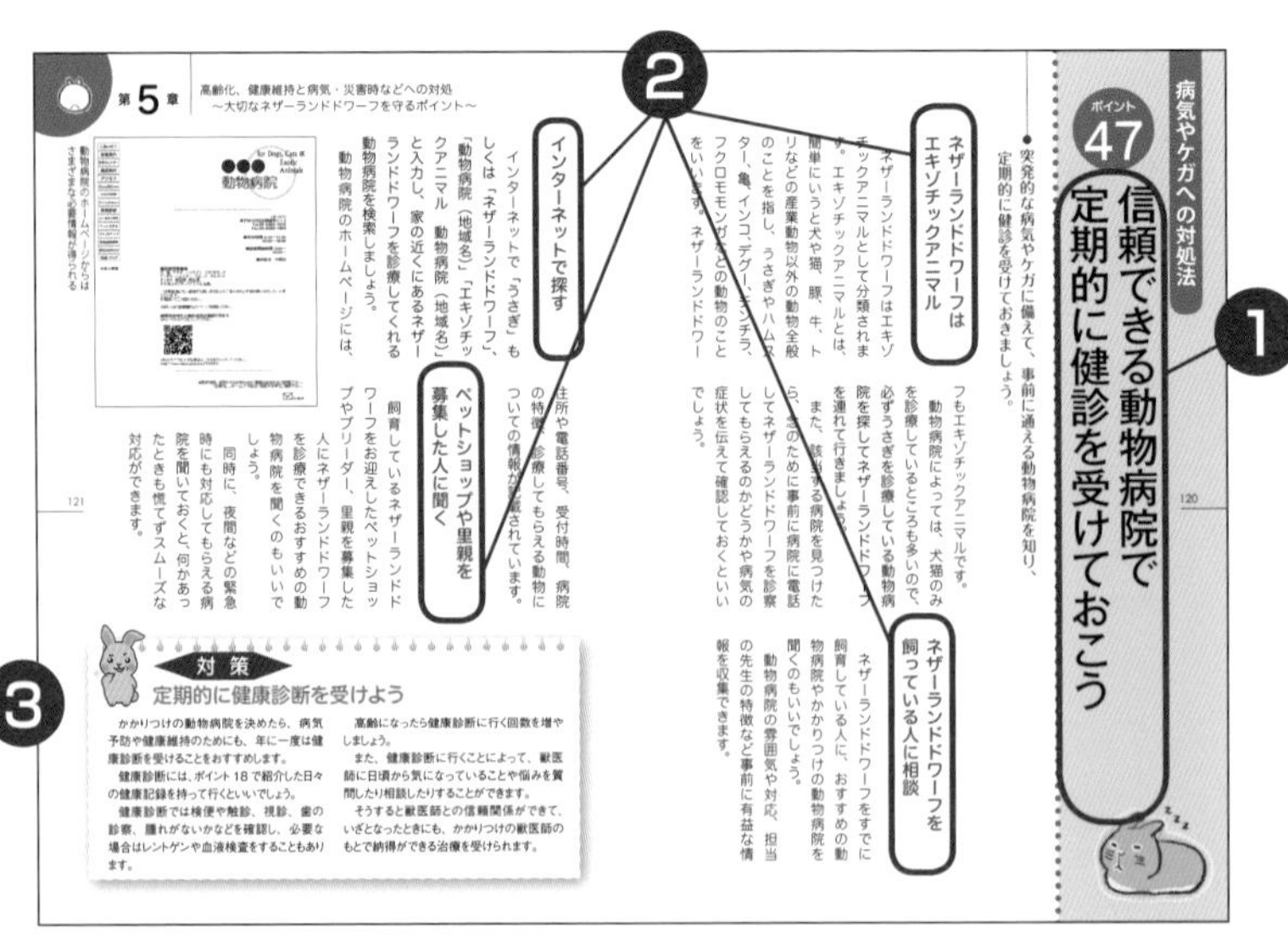

❷ 小見出し
テーマに対する具体的な内容を、
2つ以上の視点で解説しています。

❸ Check! もしくは対策
そのテーマによって「Check!」もしくは「対策」のコーナーを設けております。
Check! は、テーマに対する注意点を中心に紹介しております。
対策は、テーマに対して打つべき対策を中心に紹介しております。

ネザーランドドワーフ　飼育バイブル　長く元気に暮らす50のポイント

目次

第2章 お迎え・お世話の仕方をおさえよう
～家に迎えたあとの飼育のポイント～

第3章 住む環境を見直そう
～住環境を改善するためのポイント～

第4章 ふれ合いを楽しもう
～お互いもっと楽しい時間を過ごすためのポイント～

第5章 高齢化、健康維持と病気・災害時等への対処
～大切なネザーランドドワーフを守るポイント～

第1章

ネザーランドドワーフとの暮らしの基本を見直そう

～お迎えの準備のポイント～

ポイント1

もう一度見直したい ネザーランドドワーフの特徴と注意点

外国で生まれた品種のネザーランドドワーフは日本ではまだ飼った経験のない人が多い動物です。歴史や習性を紐解くことでその素顔を探ってみましょう。

原産国はオランダ

現在、ペットとして飼われているネザーランドドワーフなどの飼いうさぎは、イベリア半島（フランスからスペインにかけて）に生息するヨーロッパアナウサギが家畜化され、20世紀初頭にオランダで品種改良されたものです。

名称のネザーランド（Netherland）はオランダ（ネーデルラント）のことで、「オランダの小型種（ドワーフ）」を意味します。

動きが活発な草食動物

品種の作出過程でイギリス原産の小型で小耳のポーリッシュ種と小型の野生アナウサギが交配されており、縄張り意識が強く、好奇心旺盛で、小型ながら野生味ある動きの活発さを持ったうさぎです。

単独でも多数でも

原種のヨーロッパアナウサギは、自然界では2～8匹の家族を形成して群れで暮らす動物です。ネザーランドドワーフも基本的には多数飼育が可能ですが、個体同士の相性が重要です。中には攻撃的な個体もいますので、もし多数飼育する中でそのような個体がいたら別のケージに入れるなどをして他の個体と離しておきましょう。

ネザーランドドワーフは薄明薄暮性（はくめいはくぼせい）！

うさぎは昼行性でも夜行性でもありません。つまり、本来は、昼や夜ではない明け方（薄明）と夕方（薄暮）の時間帯に行動が活発になる動物です。しかし、次の【対策】でも述べますが、人の生活リズムに合わせることができる動物です。

Check!

飼い主の生活リズムに影響される

飼い主が、毎日同じ時間に起床し、同じ時間に就寝するといった規則正しい生活リズムをしているのであれば、ネザーランドドワーフも同じように過ごして健康的な生活ができます。

しかし、飼い主自身が不規則な生活の場合、それに合わせようとして、ネザーランドドワーフの生活リズムが崩れ、体調を崩してしまうことがあるため、飼い主自身もできるだけ規則的な生活リズムを維持できるようにしましょう。

また、ネザーランドドワーフの体調を整えるうえでは、朝は日の光を感じさせ、夜はいつまでも部屋のライトで明るいままにせずに、暗くしてあげることが大切です。

カラーバリエーション

ネザーランドドワーフのカラーは、これからご紹介する5つのグループに分類されます。

グループ1 セルフ

体全体が単色を「セルフ」と呼びます。このグループには、ブラック、ブルー、チョコレート、ライラック、ルビーアイドホワイト、ブルーアイドホワイトがあります。

グループ2 シェイテッド

耳、鼻先、足先、しっぽの色が濃く、しだいに薄くなっていくグループを「シェイテッド」と呼びます。このグループには、、セーブルポイント、サイアミーズセーブル、サイアミーズスモークパール、トータスシェル、ブルートータスシェルなどがあります。

グループ3 アグーチ

1本の毛色が3色以上に色分けされ、毛色が混ざり合っている様に見えるグループを「アグーチ」と呼びます。このグループには、チェスナット、チンチラ、リンクス、オパール、スクワレルがあります。

ライラック

サイアミーズセーブル

チェスナット

グループ4 タンパターン

頭や背中とお腹やしっぽの裏などが違うカラーになっているグループを「タンパターン」と呼びます。首の後ろのマーキングがオレンジフォーンのものは「オター」、白のものは「マーチン」と呼ばれます。

代表的なカラーとして、ブラックオター、ブルーシルバーマーチン、セーブルマーチン、タンズ・ブルーなどがあります。

ブラックオター

グループ5 AOV（Any Other Variety）

どこのグループにも属さないカラーのグループのことを「エニーアザバラエティー」と呼びます。

このグループには、ブロークン、オレンジ、フォーン、ヒマラヤン、スティールがあります。

オレンジ

ポイント2 体の特徴を知っておこう

野生下では捕食される側の動物であることから、警戒心が強く、神経質で臆病な性格の持ち主です。しかし、そうした動物だからこそ備わっているさまざまな体の特徴があります。

①耳　なんといっても短い立耳が特徴。他の種類のうさぎに比べて小さな耳ですが、天敵から逃げることで身を守るため、音には敏感で聴覚が優れています。また、耳には密に末梢血管が通っており、体内の熱を放散させ、体温の調節にも役立っています。

②目　視力自体はあまり良くありませんが、顔の両側に飛び出した目は、片目で190度の視野を持ち、周囲の状況を広範囲につかむことができます。ただ真後ろや口の先は見ることができません。

③鼻　嗅覚は、人間の10倍は優れているといわれています。警戒心が強く、常に嗅覚を働かせて周囲の情報を収集し、天敵と仲間とを嗅ぎ分けています。

④ヒゲ　ヒゲは、口の周りはもちろんのこと、目の上や頬にも生えています。ヒゲは生きるうえで大切なセンサーの役割をしています。決して切ったりしてはいけません。主な役割として、自分が通ろうとする道の幅を測る、風の強さや向きを知る、湿気や気圧の変化を知る、などがあります。

⑤口　前歯（切歯）も奥歯（臼歯）も一生伸び続ける常生歯（じょうせいし）を持ちます。上下で6本の前歯（上下それぞれ2本と上の歯の後ろに小さな歯

が2本）と上下合わせて22本の臼歯で、合計28本の歯があります。

⑥被毛　うさぎの被毛は長く硬い上毛（ガードヘア）と短く柔らかい下毛（アンダーコート）の二重構造になっています。ガードヘアは体を保護し、アンダーコートは保湿や保温の役割を果たします。春と秋の換毛期があります。（ケアについてはポイント29参照）

⑦尾　見た目はフワフワした丸い形状に見えますが、尻尾は背中に沿って持ち上がった状態になっており、飛び出た先端部が見えています。骨の長さは2～3㎝ほどあります。動かして仲間や飼い主とのコミュニケーションに使われます。

⑧四肢　特徴として、指が前足に5本、後足に4本あります。足裏に肉球はなく、ブラシ状の厚い毛で覆われています。この毛のお陰で、走行中に硬い地面をとらえることができ、衝撃を吸収することができます。

その他

●肉垂　顎の下、胸の部分に皮膚が余ってたるんだ部位を肉垂と呼びます。成熟した女の子のうさぎに現れる身体的な特徴です。

●臭腺　下あご（下顎腺）、肛門（肛門腺）、肛門のわき（鼠径腺）の3か所あります。臭腺からは分泌液が出ますが、その目的は縄張りを主張するマーキングのためです。（ケアについてはポイント27参照）

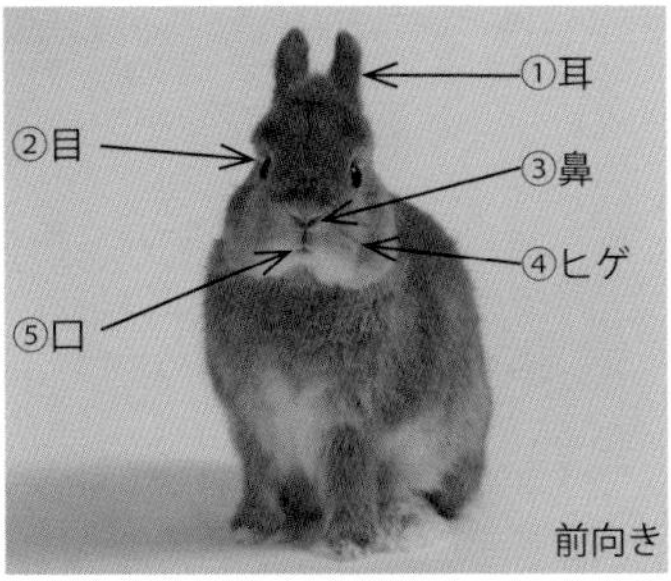

前向き

横向き

身体の平均値

体　長（成体）：26cm 前後
体　重：900g ～ 1.2kg
心拍数：130 ～ 325 ／分
呼吸数：32 ～ 60 ／分
寿　命：7 年～ 8 年
体　温：通常 38.5 ～ 40℃

その後のお付き合いを考えて、どこからお迎えするかを考えよう

ネザーランドドワーフをお迎えするには、うさぎ専門店や一般のペットショップ、里親募集で譲ってもらうなどの方法があります。

どこからお迎えするかは慎重に選ぼう

お迎え先を間違えて「こんなはずじゃなかった」という結果になってしまっては本末転倒です。どこからお迎えするかは慎重に考えて選ぶようにしましょう。

また、自分でもネザーランドドワーフについて事前に勉強しておき、知識を蓄えておいてください。

そして、自分と相性の合うネザーランドドワーフを時間をかけて探しましょう。

うさぎ専門店からお迎えする場合

うさぎ専門店は個体の数やカラーが豊富で、ショップスタッフは、ネザーランドドワーフの専門的な知識を持つ人も多いです。また、豊富な品揃えで、ネザーランドドワーフ専用グッズの販売がされていることも魅力です。飼育のアドバイスももらえて、何か困ったことが起きても質問や相談などができてとても安心です。爪切りなどのグルーミングサービスやホテルを完備しているショップもあります。

一般のペットショップからお迎えする場合

親身になって対応してもらえる

ペットショップを選ぶと飼育前のアドバイスももらえて、あとで何か困ったことが起きても質問や相談などができてとても安心です。また、こちらも、ネザーランドドワーフの飼育に必要なグッズを一緒に購入できるというメリットもあります。

里親募集でお迎えする場合

里親募集の場合は、事前に有料なのか無料で譲ってもらえるのかを確認する必要があります。譲ってもらうときに個体の性格や個性についても詳しく話を伺っておきましょう。また、受け渡し方法をどうするかも事前にしっかり確認して、お迎えの準備をしましょう。

僕のこと
大切にしてね

Check! ネザーランドドワーフを迎え入れる前の重要な確認

お迎えする際にネザーランドドワーフを不幸にしないためにも、以下の心構えが飼い主にあるかどうかをチェックしましょう。

□必要な飼育アイテムを買い揃えるのにお金がかかる
□毎月牧草やフード、おやつなどの食費がかかる
□日々の温湿度管理にエアコンなどの電気代などがかかる
□毎日掃除が必要
□馴れるのに時間がかかる
□毎日かまってあげる時間を必要とする
□なるべく居住地近くでうさぎを診察可能な動物病院を探しておく
- など。

なお、動物を販売業者から購入する場合、購入する人がインターネット上だけのやりとりのみで、事前に直接その動物を確認・飼育等の対面説明を聞くことなく受け取ることや、動物取扱業として登録されている住所以外の場所で動物の受け渡しをすることなどは動物愛護管理法(2019年6月の動物愛護管理法の改正)で禁じられていることも予め知っておきましょう。

ポイント4

男の子は甘えん坊、女の子はクールで気が強い傾向がある

ネザーランドドワーフの男の子と女の子の基本的な性格や身体的特徴を知っておきましょう。

男の子と女の子の性格の違い

多くの飼い主が実際に飼育している際に感じていることとして、性別による違いは、基本的に男の子は甘えん坊でおっとりしているという傾向を持ちますが、性成熟を迎え大人になると縄張りを主張したり、飼い主やその家族に対して攻撃的になったりすることもあります。

一方、女の子はクールで気が強い傾向があり、発情すると気性が荒くなる傾向があるとされます。

男の子と女の子の違いよりも個性を知ることが大事

男の子と女の子は一般的には前述したような性格的な特徴を持ちますが、ネザーランドドワーフそれぞれ一匹一匹の個性によっても違うことを理解しておく必要があります。

人間と同じように、男の子のような性格の女の子や女の子のような男の子もいます。

大切なことは、男の子か女の子かではなく、飼っているネザーランドドワーフの個性をしっかりと理解して付き合っていくことです。

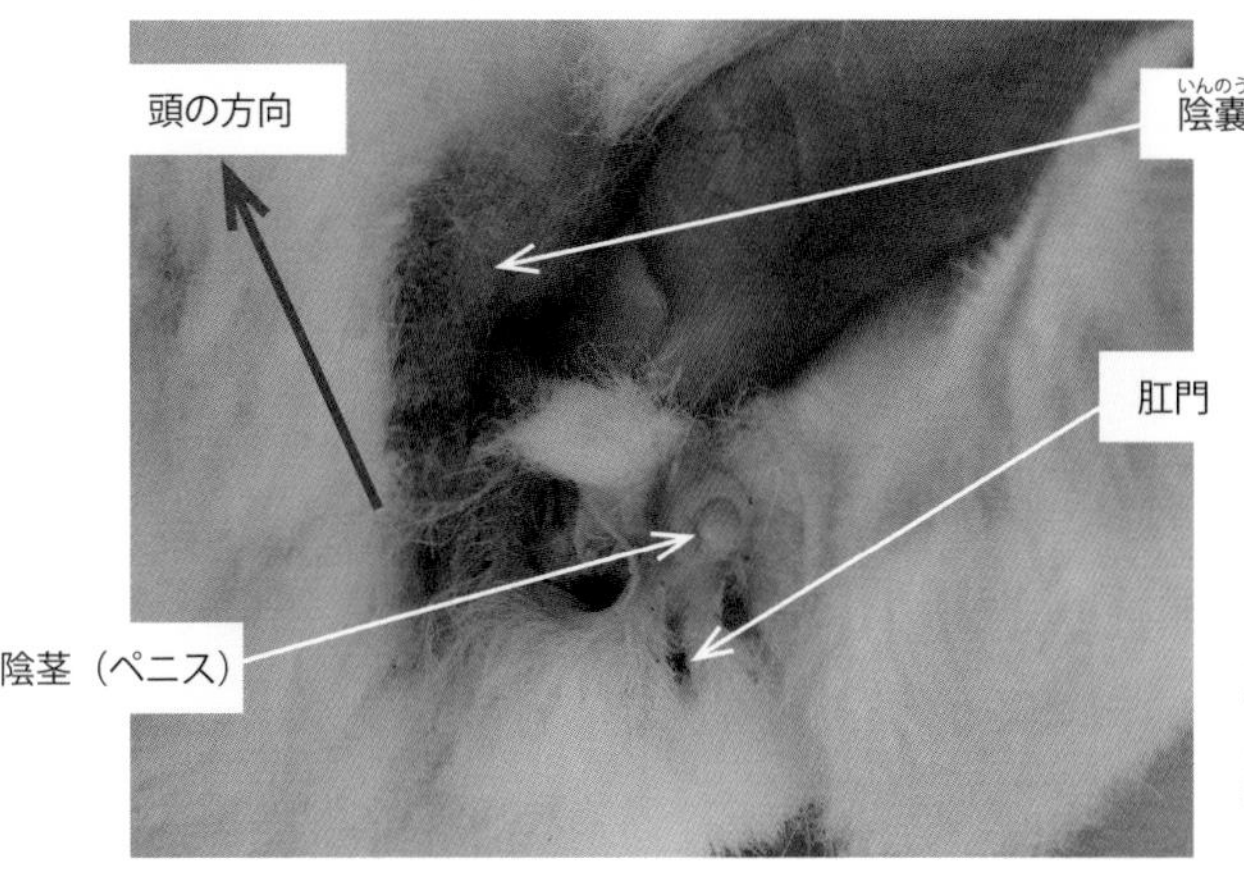

男の子の性器

男の子は女の子よりも生殖器と肛門が離れています。生後３～４ヵ月で睾丸が陰嚢に降りてきます。

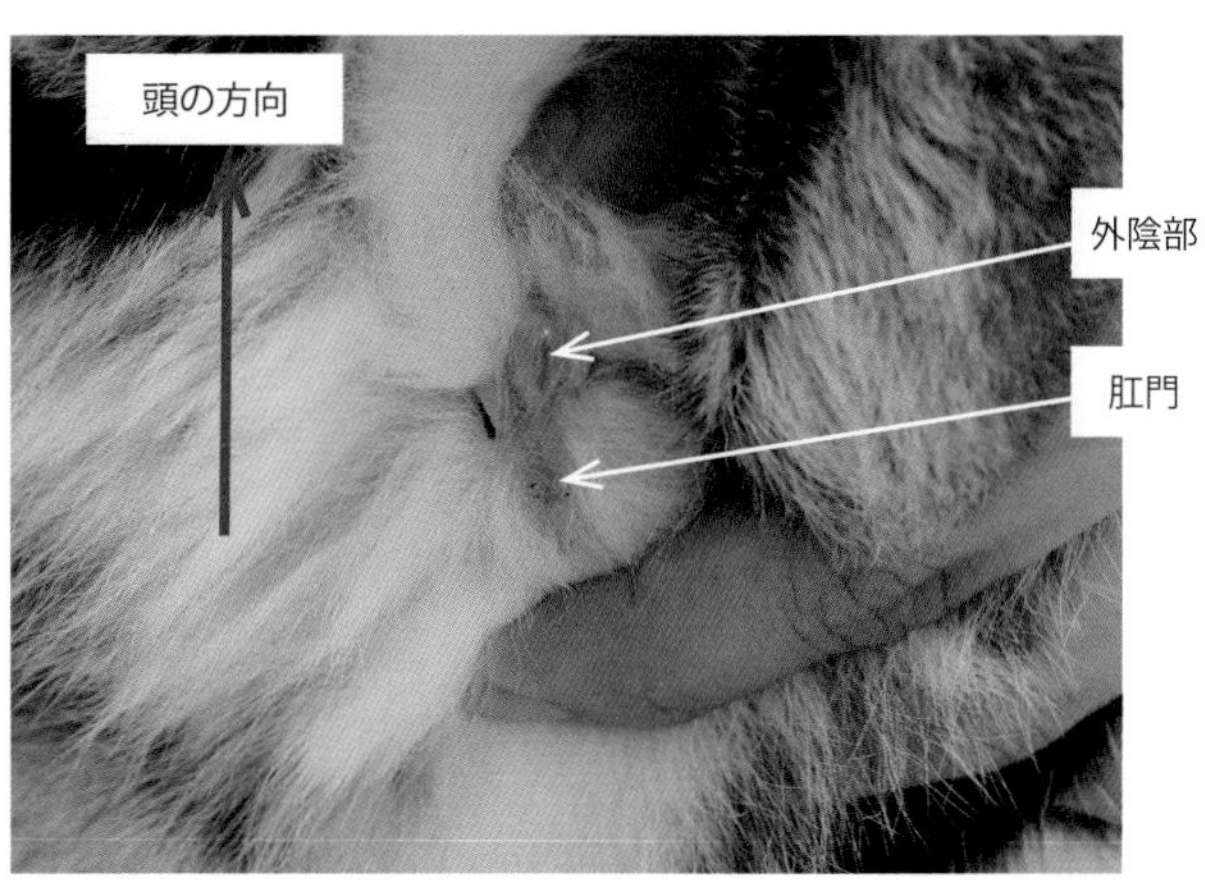

女の子の性器

女の子は、外陰部が体に対して縦のスリット状になっており、肛門との距離が短い。

対策

お迎え先でのネザーランドドワーフの性別判断が間違っていた!?

ネザーランドドワーフをお迎えしたあとに、あらかじめ聞いていたのとは違う性別だったとわかることがまれにあります。

男の子だといわれて購入したら、飼育しているうちに妊娠して、女の子であったことが発覚する場合や、同じ性別同士のネザーランドドワーフを購入したつもりが実は男の子と女の子で、予定外に妊娠してしまったというケースもあります。

心配な場合はうさぎ専門店や動物病院に行って、性別の判断をしてもらいましょう。

ポイント 5

個体選びは、健康で元気なことが大事

●できるだけ長く一緒にいたいから、健康な個体を選びたい。

個体選びの際のチェック

　ペットショップでネザーランドドワーフを選ぶ際には、健康状態をよく観察し、健康な個体を選びましょう。

　まずは外見からチェックしましょう。以下の項目に該当する場合、何らかの病気を患っている可能性があります。

健康のチェックポイント

□目やにが出ている
□涙目や乾き目になっている
□耳の中が汚れていたり、嫌な臭いがしたりする
□毛並みが悪い
□脱毛している
□鼻水が出ている
□口からよだれが出ている
□食欲がない
□体に傷がある
□前足の裏の毛がゴワゴワしている
□肛門付近が汚れている
□ケージの隅でうずくまってあまり動かない

ペットショップ自体のチェック

　ネザーランドドワーフが飼育されている環境を観察することも大切です。

　ケージ内の清掃は行き届いているか、食事の内容や与え方はどうか、ふだんネザーランドドワーフとはどのように接しているのか、特にショップの場合は、店員さんはネザーランドドワーフについて

の知識が豊富かなどをチェックしましょう。

子うさぎを選ぶか、大人のうさぎを選ぶか

ネザーランドドワーフの場合は、子うさぎでも大人のうさぎでも飼い主に馴れるという点ではあまり違いはありません。もちろん、子うさぎから育てれば、育てる楽しさがあるでしょう。ただし、トイレを覚えていなかったり、性格がわからず噛み癖があったりしてしつけをする必要があります。また、特に生後2ヵ月未満では環境の変化に敏感でストレスで体調を崩しやすいことがあるので、選ぶのであれば生後2ヵ月を過ぎでショップに来てからしばらく経って慣れてきた子が無難です。大人のうさぎの場合は、しっかりしたショップであれば、トイレができていたり性格がわかっていたりと飼い主さんがお迎えしやすい面もあります。

その他の大切なこと

飼おうと決めたら、ペットショップやブリーダー、もしくは里親募集で実際にネザーランドドワーフに会いに行き、飼い主として一緒に暮らしたい子であるか、相性が合うかどうかを検討しましょう。家族がいる場合、この子を迎える同意が家族みんなに得られるかどうかも大切です。また、アレルギーの有無を調べておくことも必要です。

対策

ネザーランドドワーフを一人暮らしの人が飼う場合

動物が好きで、一人暮らしの飼い主がネザーランドドワーフと暮らしている場合もあります。

一人暮らしの場合は、ネザーランドドワーフと遊ぶ時間は帰宅後か休みの日に限られてしまいます。ネザーランドドワーフと仲良く暮らすには、一緒に遊ぶ時間が欠かせません。飼い主は、それをしてあげる責任を負わなければなりません。フード代や飼育用品を買い揃えるための費用や、病気になったら病院に連れて行く時間と費用もかかります。また、どんなに疲れて家に帰っても、毎日の掃除や食事を与えるなどの世話をしなければいけません。留守が多い一人暮らしでは、室内の温度管理は欠かせません。特に夏場や冬場は24時間エアコンをつける必要があります。

最後まで大切に面倒を見ることができるのかよく考えてから飼育するのは、たとえ一人暮らしの場合も同じです。

飼い主が飼育に慣れていないうちは単独飼育で

ネザーランドドワーフを飼うなら、単独飼育もいいですが、多数飼育もいいものです。

ネザーランドドワーフの飼育に慣れていないうちは単独飼育がおすすめ

ネザーランドドワーフを飼育していると、その愛らしさに2匹目、3匹目と数を増やしていく飼い主さんも多く見受けられます。しかし、飼育に慣れないうちは、まずは単独飼育をすることをおすすめします。単独飼育している間に、ネザーランドドワーフの特徴を知り、お世話するコツを覚えてから多数飼育をしましょう。

多数飼育での注意点

多数飼育でネザーランドドワーフが仲良く過ごす様子を見るのはとても楽しいことです。しかし、すべての子たちが仲良くできるとは限りません。男の子同士や性格の違いによって一緒に生活をすることが難しい場合があります。

先住の子と新入りの子がお互いに慣れてから一緒にしましょう。慣れないうちに同じ空間に一緒にしてしまうと、縄張り意識が強いため、激しいケンカをすることがあります。また、新しく迎えたネザーランドドワーフが何らかの病気を持っていた場合には感染する危険性があります。

マーキング

少なくとも2～3週間は別々のケージに入れて顔合わせをし、お互いの臭いに慣れさせたり、短時間飼い主さんの見ているところで遊ばせたりするなどして様子を見ながら一緒にしましょう。

多数飼育が物理的できるかどうかも見極めが大事

多数飼育には、複数のケージを持つ必要があったり、また、毎日の掃除、爪切りやグルーミングなどのお世話の手間はその頭数に応じて2倍、3倍となっていきます。もちろん、フード代もその分かかります。そうした点がクリアできるかどうかを見極めて飼う頭数を考える必要があります。

Check!

飼い主のライフイベントにも注意

すでに小動物を飼ったことがある方は経験があるかもしれませんが、飼育する上では、良いことだけではなく大変に思ってしまうこともあるでしょう。

可愛いネザーランドドワーフと毎日の生活を楽しむためには、飼い主のライフイベントにも注意が必要です。

例えば、入学、卒業、就職、転職、転勤、異動、役職変更、引越しなど、飼い主の生活環境に変化があった場合、そのため自分のことで精一杯になり、ネザーランドドワーフのお世話を怠りがちになってしまいがちです。人生の中では、そうしたさまざまな生活環境の変化が発生することは否めないことですので、飼うと決めたら、あらかじめ覚悟を決めて、いかなるときでもネザーランドドワーフの生命を預かっている飼い主としての自覚を忘れずに、しっかりとお世話をしていきましょう。

ポイント7

ケージは、網の目が細かく広さがあるものを選ぼう

●適切なケージを準備して、楽しく安全にお迎えしましょう。

大人の子で立ち上がっても余裕のある高さは40㎝以上あるケージが必要

ネザーランドドワーフの飼育には「横幅60㎝×奥行き40㎝×高さ40㎝」以上のケージが良いといわれています。ハウスやフード入れ、トイレを設置すると狭いようにも思えますが、毎日ケージの外に出して運動させてあげれば問題ありません。

金網が錆びにくく網の目が細かいケージが安心

ケージは適度な太さの金網製で錆びにくくネザーランドドワーフが噛んでも安全なものを選びましょう。また、床は足に負担がない様に弾力があって硬すぎず細かめの金網が良いでしょう。また、うんちなどがついて汚れたら簡単に取り外し洗える仕様になっているものにしましょう。さらに、鍵

好ましいケージの例
（プロケージ60　ブラック／W 61 cm × D 46 cm × H 55cm
<キャスター時　60cm >）

が開いてネザーランドドワーフが脱走してしまうことのないように、ナスカンで出入口をロックするといいでしょう。

出入口が大きく、トレーが引き出し式のケージは掃除が便利

正面出入口が大きめなケージは、うさぎの出入りやトイレやケージ内の掃除に便利なのでおすすめです。正面入り口以外にも天井が開くタイプのものはハウスなどケージ上部にあるものを取り出しやすいです。

底トレーを引き出せるタイプのものは、毎日の掃除が簡単にできます。またキャスターが付いているタイプのものは移動のときに便利です。

Check!

お出かけや通院などのためのキャリーも用意しておこう

家の中に設置するケージのほかに小型のキャリーケースも準備しておきましょう。ケージを掃除するときや動物病院に連れて行くときなどに使います（ポイント46参照）。キャリーの床には下網が設置してあるものが移動中におしっこをしても足が汚れないのでおすすめです。

例え近くの場所であっても、念のために、中に、給水ボトル、フード、トイレをセットしておきましょう。

ケージの掃除のときや移動のときに便利な小型のキャリーケース

お迎えの準備

ポイント 8

ケージの中には必要なものを準備してあげよう

●まずはケージの中に、フード入れ、牧草入れ、給水ボトル、トイレ、寝床は最低限用意しておきましょう。

フード入れや牧草入れ、給水ボトルは置き場がポイント

フード入れや牧草入れなどの食器、給水ボトルは毎日補充、取り換えが必要なため、ケージの入り口近くの場所に設置しましょう。食器は、軽い床置きタイプだとひっくり返してしまうこともあるため、ケージに固定するタイプがおすすめです。

ただし、前の環境（ショップやブリーダーが飼育に使用していたケージの中）がどうであったかがわかるのであれば、最初は同じ用品、場所にセットしてあげるとよいでしょう。まだ新しい環境に慣れないネザーランドドワーフにとって、ストレスの軽減につながります。

トイレ、ハウスやベッドを用意してあげよう

できれば、トイレの形や設置場所も前の環境（ショップやブリーダーが飼育に使用していたケージの中）と同じようにしてあげると、不安を減少させてあげることができるでしょう。トイレは、うんちやおしっこが下に落ちる底網がセットされているものを選びましょう。トイレには、おしっこを

吸収し臭いを防ぐためのトイレ砂を敷き詰めます。トイレ砂は、毎日取り替え、汚れたトイレも洗って清潔な状態を保ちましょう。また、トイレの網は、うさぎがトイレ砂を食べたりしないようにしっかり固定してください。

ケージの中でうさぎが安心して過ごせるように木製のハウスやワラ製のマット、布製のベッドなどを用意してあげしょう。

あると便利なストレス発散用のおもちゃ

かじったり転がして遊ぶおもちゃを入れてあげましょう。かじり木などかじるおもちゃは、歯を削り整える助けになります。牧草などででき、たおもちゃは、かじって壊して遊びストレス発散になるなどの効果があります。

暑さ寒さに対応する季節対策グッズ

ネザーランドドワーフの飼育には、温度や湿度を最適な状態に保たなければなりません（ポイント17参照）。特に季節の変わり目、梅雨の時期、夏、冬の対策は大事です。専門メーカーなどからそれぞれに対応した季節対策グッズ（ポイント9参照）が販売されていますので、それらを使って快適な暮らしを維持できるようにしましょう。

対策
トイレの以外の場所で排せつしたら

「ここがトイレ」ということを覚えて、トイレがしたくなったらその決まった場所に行くようになるには、すぐにできる子とある程度時間をかけてしつけを行わなければならない子がいます。しかし、トイレのしつけができたと思う子でも、ときには粗相（そそう）することもあります。

特に夢中になって遊んでいるときは粗相しがちです。また、粗相の原因としては、飼い主が帰ってきて、トイレに行きたくても、それより一緒に遊びたくなったときや縄張りのアピールをしたいとき（特に去勢手術を施していない男の子）にも見られます。

ここで注意したいことは、おしっこの臭いを残さないことです。おしっこをトイレ以外でしてしまった場合、その臭いを残したままにしておくと次にまたそこをトイレだと思ってしてしまいます。もしトイレ以外でおしっこをしてしまったときは、消臭剤を使ってしっかり拭き取り臭いが残らないようにしましょう。できれば、拭き取った後の臭いの付いたティッシュなどは、トイレの中に入れておくといいでしょう。（ポイント30参照）

ケージ内のレイアウト例

基本的な配置例

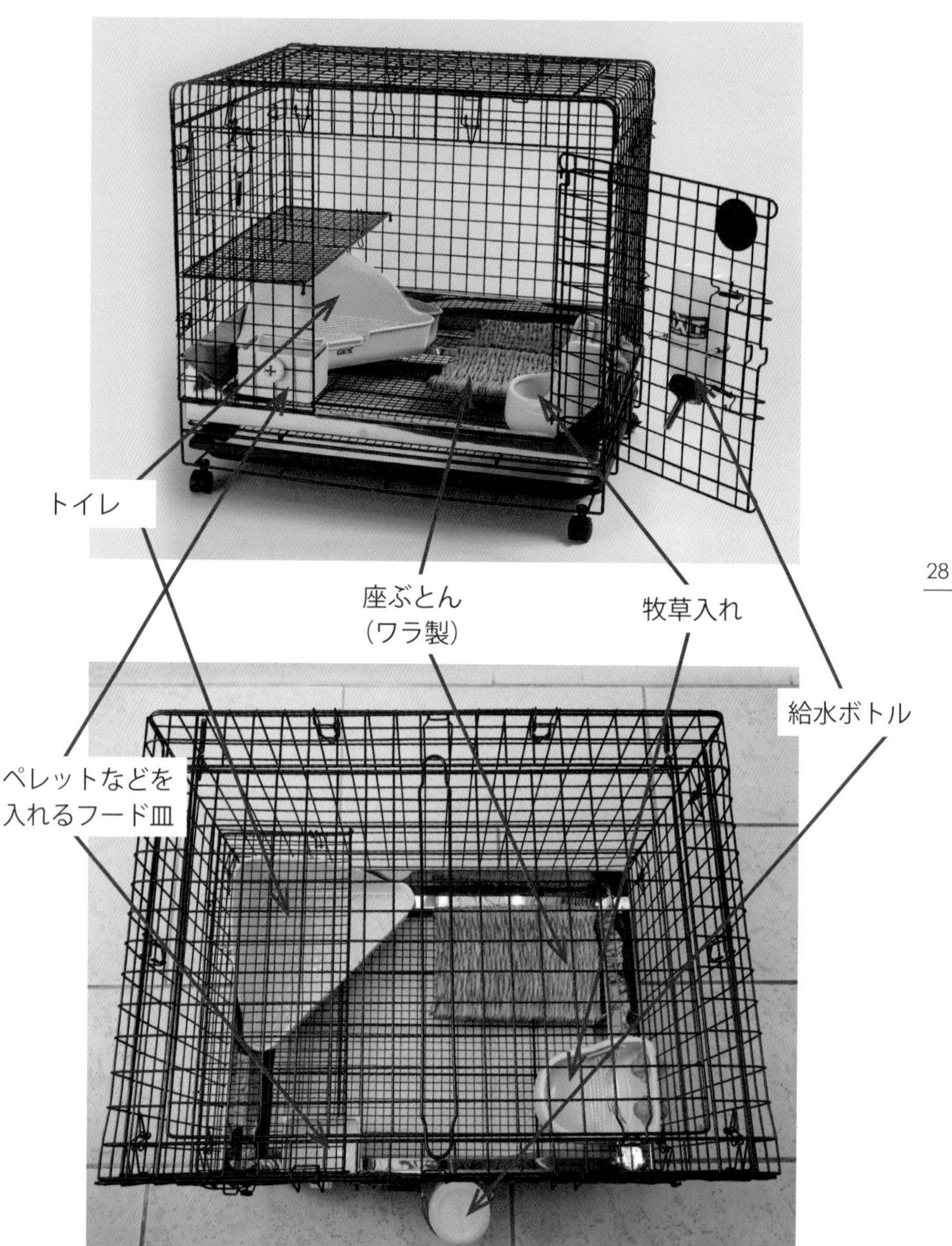

シニア期の配置例

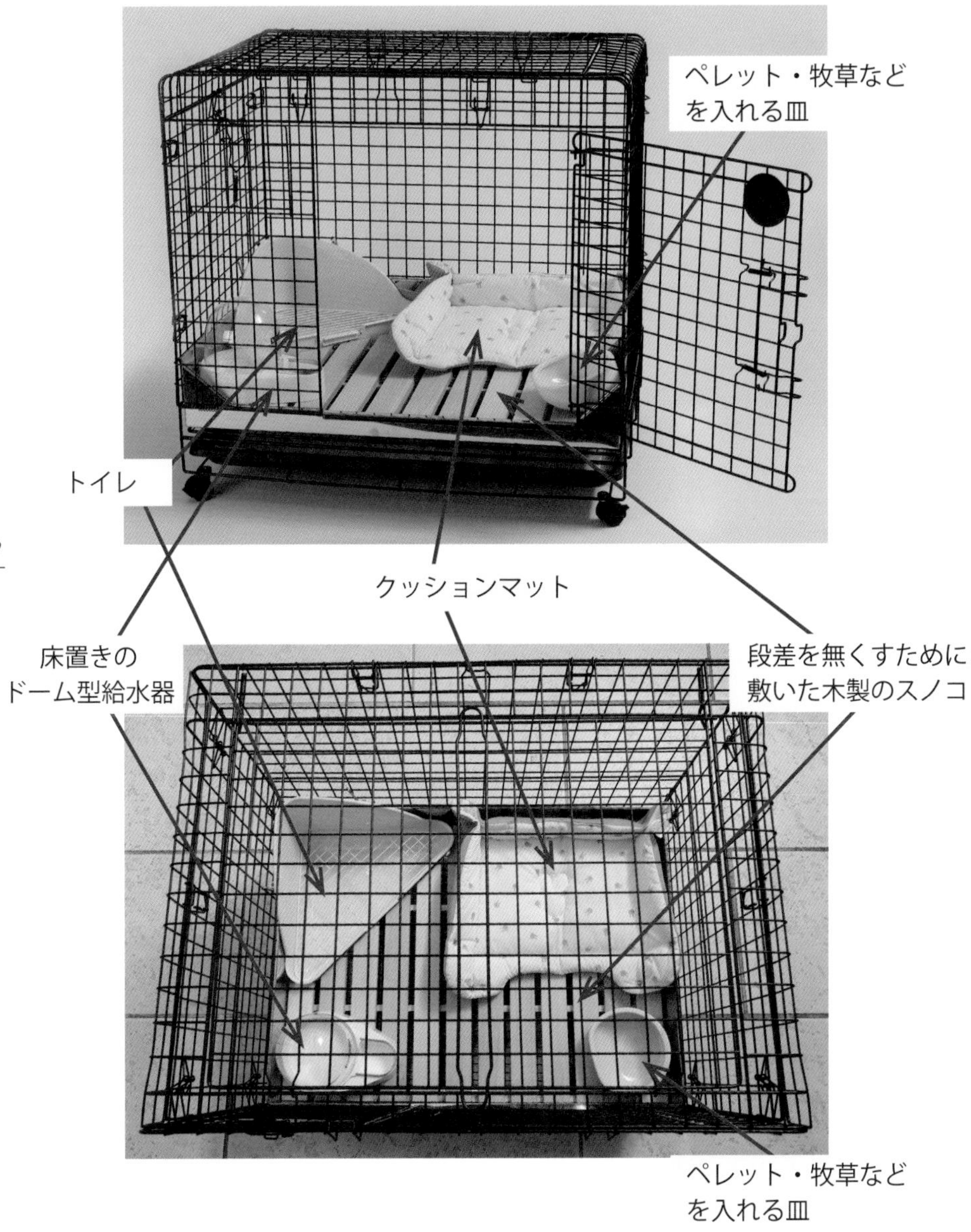

ペレット・牧草など
を入れる皿

トイレ

クッションマット

床置きの
ドーム型給水器

段差を無くすために
敷いた木製のスノコ

ペレット・牧草など
を入れる皿

ポイント 9

居心地が良くなる飼育グッズを選ぼう（1）

●ネザーランドドワーフが快適に暮らせるグッズを揃えましょう。

フード入れ（フードディッシュ）

ペレットなどを入れる皿。毎日清潔に保ちましょう。

フードディッシュの例

牧草入れ

牧草入れは、木製やプラスチック製、金属製、陶器製の4種類があります。ケージのスペースや使いやすさを考えて選びましょう。

牧草入れの例

給水ボトル

ケージに掛けるタイプのガラス製の給水ボトルがおすすめ。

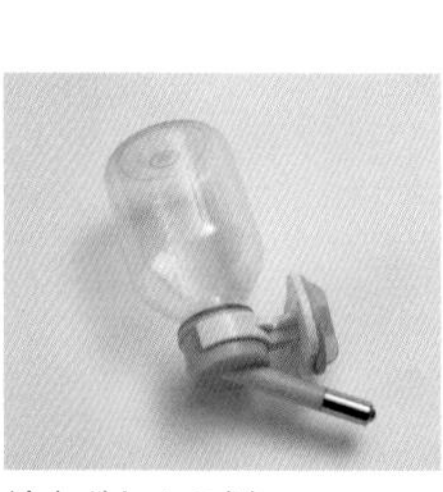
給水ボトルの例

トイレ

スノコの下に排せつ物が落ち、足やお尻が汚れにくく、排せつ物をシーツにくるんで処理できる衛生的なトイレが便利。

トイレの例

ステージ

ステージをケージ内に設置することで、ネザーランドドワーフが立体的に動くことができるようになります。上下移動ができることは可動範囲を広げ、運動にもなります。

ステージの例

おもちゃ類

ネザーランドドワーフが遊べるおもちゃを与えましょう。退屈しのぎやストレス解消にもなります。

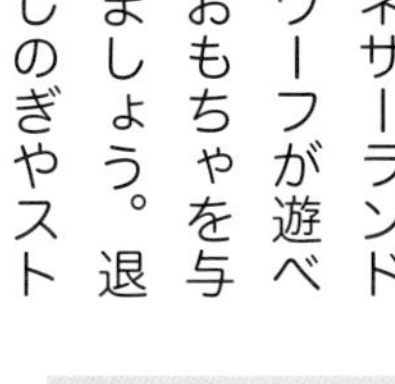

かじり木の例

季節対策グッズ

季節に合わせて、暑さ対策に大理石やアルミなどでできた涼感プレートや涼感マット、寒さ対策にペットヒーター、湿度対策に除湿機を使用してください。

涼感プレートの例

ベッド（寝床）

ベッドなどの寝床があると落ち着いて休めるので用意してあげるといいでしょう。

巣箱は必ずしも必要ではありませんが、特に女の子が妊娠して出産が近くなると巣づくりを始めます。そのタイミングでケージの中に入れてあげましょう。（ポイント23【対策】参照）

寝床の例（クッションマット）

ポイント10

居心地が良くなる飼育グッズを選ぼう（2）

●日頃の飼育管理に欠かせないグッズや楽しいおもちゃも揃えましょう。

ケージの下に敷く床材スノコ

ケージの床は、金属製の下網に加えて、木製のスノコ、プラスチック製スノコなどを敷いて、排せつ物が足裏やお尻に直接つかない環境をつくりましょう。また、足裏を保護し、ソアホックを予防するためにも部分的にスノコやワラ製の座布団などを敷くのが有効です。

木製スノコの例

毎日の健康チェックに体重計

ネザーランドドワーフの健康管理に用意しておくと良い飼育グッズです。ネザーランドドワーフには、一般的な2kgまで測れるキッチンスケールなどで代用できます。1g単位で測れる体重計であれば大人や子うさぎの体重の変化も把握できて安心です。体重計の上に

デジタル体重計の例

かごなどを置きネザーランドドワーフを入れて測るため、かごを置いてから重さを0gにセットできるデジタルスケールがおすすめです。

脱走を防止するナスカン

ネザーランドドワーフが知らないうちにケージの入り口ドアを開けて脱走しないように、ドアをロックした上にナスカンで施錠することをおすすめします。また、扉の開閉がゆるくなってしまったときにも利用できます。

ナスカンの例

爪切り

爪が伸びたときには、小動物用の爪切りを使い切ってあげます。はさみ型のものが使いやすく、安全に爪を切ることができます。

爪切りの例

ブラシ

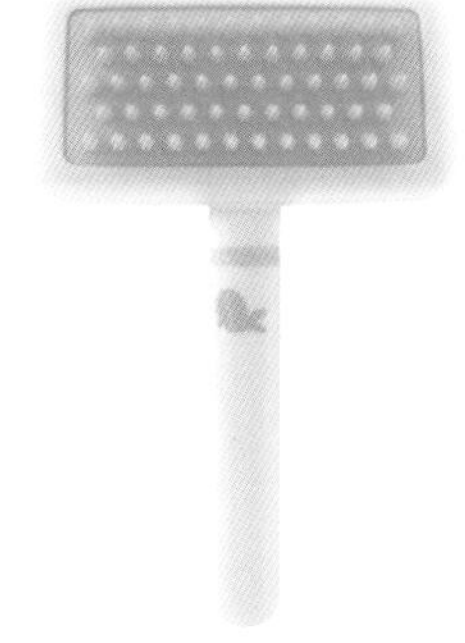

ブラシの例（ラバーブラシ）

日々のブラッシングは大切です。抜け毛を取り除いてあげることでうさぎが毛を飲み込むことを防ぎます。ラバーブラシは、優しく撫でるように使いましょう。

温湿度計

日々の温湿度管理に欠かせません。デジタルでもアナログでも使いやすいものを選びましょう。万が一壊れてしまったりしたときのために2個用意しておくと良いでしょう。

温湿度計の例

グルーミングスプレー

体に直接スプレーして、毛の根元まで揉み込むようにします。毛艶を良くし、消臭効果も期待できます。スプレーの種類によっては、付着した汚れを浮かせて分解したり、皮膚のトラブルや臭いの原因となる雑菌の増殖を抑えるバリア効果が期待できるものもあります。

グルーミングスプレーの例

おもちゃ

ネザーランドドワーフは本能的に狭い場所が好きです。なぜならば、狭い場所は敵から身を隠す場所になるからです。トンネルや

キューブハウスはネザーランドドワーフの遊び場であり、リラックスできる場所となります。中を通り抜けて遊んだり、くつろいだりします。

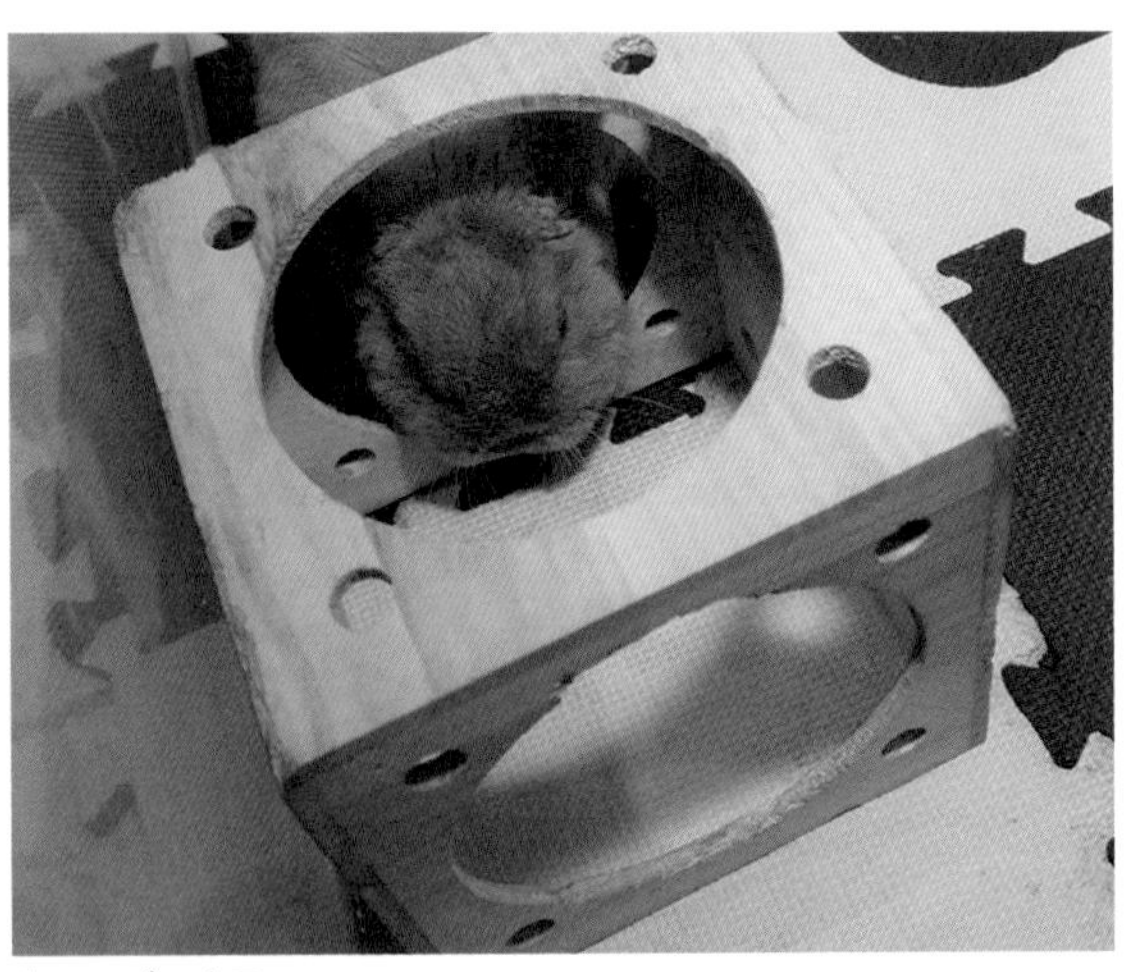
キューブハウス

ジャバラトンネル

第2章

お迎え・お世話の仕方をおさえよう

~家に迎えたあとの飼育のポイント~

子どもや他の動物との一緒の飼育には注意が必要

小さなお子さんがいる場合や他の動物との同じ空間での飼育には注意が必要です。

噛みつかれることがあるので要注意

人や新しい環境に慣れていないネザーランドドワーフは、小さなお子さんが不用意につかもうとしたり抱きかかえようとするとびっくりして突然かみついたり爪で傷つけられたりすることがあります。ネザーランドドワーフの歯は鋭く、本気で噛まれると大人でさえ深い傷を負うことがあります。子どもと遊ばせる場合には、必ず大人が一緒にいて注意してあげられる様にしましょう。

乳幼児がいる場合は特に注意が必要

ネザーランドドワーフをお迎えしたときに、乳幼児がいるご家庭もあるでしょう。そのような状況でネザーランドドワーフを飼う場合に、特に注意が必要なことは、部屋の中で遊ばせるようなときに乳幼児に近づき噛んでしまったり、ハイハイができる時期になって落ちていた排せつ物を口にしてしまったりすることの無いように気をつけましょう。特にお子さんがまだ小さいときはネザーランドドワーフと住み分けが必要です。

他の動物と一緒にする場合も要注意

ネザーランドドワーフをお迎えする前に、すでに他の動物を飼っている場合や、お迎えした後に飼う場合があると思います。

他の動物との相性は、その種類や個体の性格にもよりますが、モルモット、チンチラなどの草食動物とは相性は良いとされています。ただしモルモットは、うさぎが常在菌として保有している気管支肺血症菌が感染して重篤な症状になる場合があります。感染を防ぐためにうさぎと一緒のケージに飼うのは避け、別の部屋で飼うなどした方が良いでしょう。

犬の中でも特に狩猟犬は、うさぎを獲物と認識して襲う場合があるため相性は良くありません。ネコは、うさぎを追いかけ回したりするので注意が必要です。フェレットなどの肉食動物との生活は、避けた方が良いでしょう。また、大きな鳴き声を出す大型のインコなども、耳の良いネザーランドドワーフにとってはストレスになるため別の部屋で飼う方が無難です。

なお同居する動物と相性が良いとはいえ、うさぎがストレスを感じているようなら一緒のスペースで生活させるのは止めましょう。

対策 ネザーランドドワーフを迎えたら

お迎えしてから当日は、ケージの中でゆっくり休ませましょう。はじめての環境にネザーランドドワーフは内心戸惑い、緊張や不安などのストレスでいっぱいです。まずは新しい家庭での生活環境に慣らしてあげましょう。このときに早く懐いてほしいと無理に触ってしまったりすると、怖がってしまうので控えてください。焦らずに静かに見守りましょう。

お迎えした日も含めて、はじめのうちはフードや飲み水、掃除を手早く行ってネザーランドドワーフにあまりストレスを感じさせないようにしましょう。人の大きな声や急な動きは、怖がってしまうので、おどかさない様になるべく大きな音を立てず、移動のときはゆっくり動いてください。

まずは、優しく名前を呼んだりして声をかけるようにしましょう。そうすると次第に飼い主の声と臭いを覚えるようになります。

３～４日たって飼い主や環境に慣れてきたらケージの外に出してあげましょう。ここは怖くないと自分で認識できれば自分から出てくるようになります。急に抱き上げたりせずにそのまま様子を見てあげてください。声をかけて反応するようであれば、やさしく触って撫でてあげてください。このときに怖がらないようであれば、抱っこもできるようになります。なお、衛生的な面で、ネザーランドドワーフに触るときは必ず手を洗ってからにしてください。また、触ったあとも手洗いは忘れずに行いましょう。トイレのしつけが必要な場合、この頃から行っていきましょう。（ポイント 30 参照）

ポイント12

体調管理は、毎日のケージ内の掃除が基本

● 掃除が一番の体調管理。不衛生は病気の元です。排せつ物を確認して体から出る大事なサインを受け取りましょう。

フード皿、給水ボトル、トイレ、床材は毎日清掃が必要

健康なネザーランドドワーフはよく食べ、よく排せつします。

清掃のタイミングとしては、飼い主の生活リズムに合わせて行えますが、なるべく時間を決めてするのが良いでしょう。掃除をするときは、ネザーランドドワーフをキャリーなどに移し手早く行いましょう。

一般的な手順としては、給水皿や給水ボトルを洗い、水は交換し、皿にある食べ残しを取り除きフードを入れ、汚れている場合は水洗いします。床材についたうんちがあれば取り除きしぼった布やノンアルコールのペット用のウェットティッシュなどで軽く拭き取りましょう。うんちやおしっこなどで汚れたトイレは洗い、トイレ砂は、1日最低1回は交換しましょう。特にうさぎのおしっこはカルシウム分が多く含まれているため、その

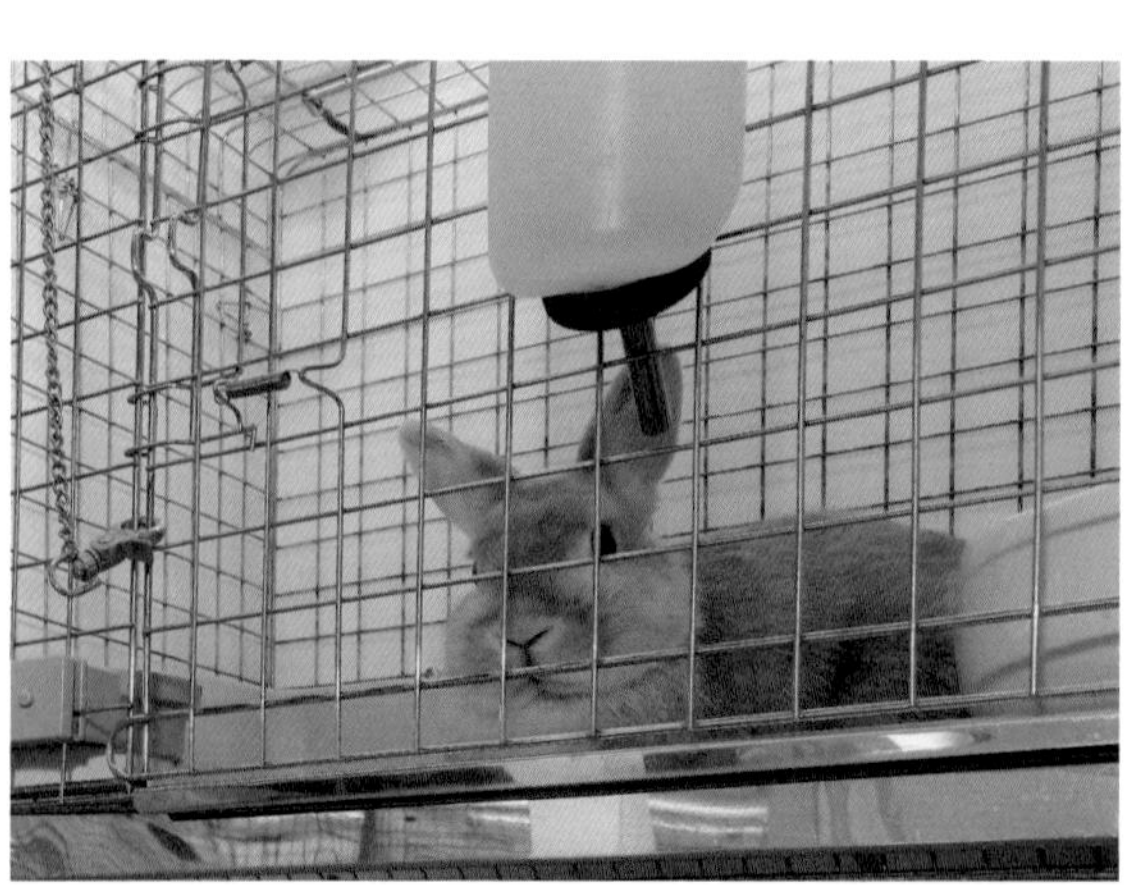

ケージの中は毎日の清掃が大事

まま放置していると固まって汚れが取れにくくなりますので注意してください。

トレー付きのケージの場合は、最後にケージの一番下にあるトレーをきれいに掃除し、ペットシーツを敷いておきましょう。

用途に応じて除菌消臭剤や尿石除去剤を使おう

ケージの外で排せつしてしまったときやケージ内の掃除のときに除菌消臭剤を使用すると便利です。除菌によって衛生的な環境をつくり、病気を防ぎます。使用する消臭剤は、ネザーランドドワーフがなめても体にかかっても安心な小動物用のものを選びましょう。また、トイレや床に尿石が付着して取れにくい場合には、うさぎ専用の尿石除去剤が市販されていますのでそれも使うと便利です。

掃除をしながらケージ内の状態を確認し健康チェックを行おう

ケージ内を掃除する際に、ネザーランドドワーフのフードや牧草に食べ残しはないか、手足の爪を引っかけたりケガをしたりしそうな場所がないかなどをよく確認することを習慣づけてください。

ネザーランドドワーフがケージにいる間に掃除をする場合は、掃除をしながらふだんと変わったところがないか、ケガをしていないか、元気そうかなど、健康チェックを行うといいでしょう。

Check! 掃除の際の注意点やチェックすること

掃除は、衛生的な環境を維持することやネザーランドドワーフの体調を知る重要な機会となります。おしっこやうんちの状態やフードの残り、水の減り具合、フードの食べ残しの有無などを毎日チェックすることができます。

例えば、うんちが出ていないか出てもあまり出ていなかったり、いつもとは大きさが小さかったりした場合には胃腸うっ滞（P110参照）になっている可能性があります。胃腸うっ滞は胃腸が正常に動いていないことを示し、命の危機をもたらします。胃腸うっ滞には、水分の不足や繊維質の不足、運動不足、異物の飲み込みなどが考えられるほか、慣れていない場所へのストレスや温度の変化、騒音、他の動物の臭いなどへのストレスといったさまざまな原因が考えられます。いつもと違う様子に気づいたら獣医師に相談することをおすすめします。動物病院に連れて行く際は、うんちは捨てずに持っていくと良いでしょう。

ポイント13

主食は繊維質の多い牧草＋必要な栄養が摂取できる専用ペレットを与えよう

● 栄養のバランスを考えると主食の牧草＋総合栄養食の専用ペレットがおすすめです。

上手な牧草の与え方

牧草は主に低カロリーで繊維質豊富なチモシーを中心に与えましょう。

与え方としては、一日中いつでもたくさん食べられるようにして下さい。

また、成長期や妊娠期・授乳期にはマメ科の牧草・乾草であるアルファルファを加えると良いでしょう。

ただし、アルファルファはカルシウムや栄養価が高いため、健康な大人のネザーランドドワーフに与えすぎると結石や肥満になってしまうケースもあるので注意しましょう。

その他与えられる牧草

嗜好や栄養の偏りを防ぐために、さまざまな種類の牧草を与えるのもいいでしょう。

牧草の種類	ライフステージ	特徴
チモシー	全年齢	特に１番刈りは高繊維質で硬いため不正咬合防止にも最適。２番刈り、３番刈りは１番刈りに比べて柔らかくて食べやすいため、１番刈りをあまり食べたがらないときなどに量を追加してあげると良いでしょう。また、噛む力が弱くなっている老齢期には最も柔らかい３番刈りが良いでしょう。
アルファルファ	幼齢期、妊娠中や授乳中の女の子	タンパク質やカルシウム、カリウム、ビタミンA、カロチンが豊富に含まれています。

チモシーやアルファルファ以外にイネ科のイタリアンライグラス、オーチャードグラス、クレイングラス、オーツヘイなどの牧草も与えられます。

ペレットを与えるタイミングと回数

牧草のチモシーは、主食として与えますがチモシーだけでは栄養が不足してしまいます。

そこで、総合栄養食の専用ペレットを適量与えることで、栄養バランスを整えられるのです。

ペレットを与えるタイミングや回数は、基本的には朝と夕方に分けて1日2回程度与えましょう。また、できれば、なるべく毎日決まった時間に、同じ分量を与えましょう。そして、記載の分量を参考に、体重や運動量などに合わせて与えましょう。ちなみに、1日の量の目安は、成長期で体重の3～5%、維持期で1～3%が基本とされています。

ペレットの上手な与え方

1種類のペレットだけでは、栄養の偏りや急にいつものペレットが入手できなくなって他の銘柄のペレットに切り替える際に、味覚の敏感なネザーランドドワーフが食べなくなってしまうことがあります。そうしたことを防ぐため、よく食べる2～3種類の銘柄の違うペレットを用意し混ぜて与えるのも良いでしょう。

Check! ペレットを与える際に注意すること

うさぎ用のペレットには、ハードタイプとソフトタイプがあります。そのまま牧草（干し草）を与えることとの違いの一つに、食べるときに「歯をどのくらい使うのか?」という点があります。牧草を与える場合、硬い繊維を臼歯でまんべんなくすりつぶすため、臼歯が削れて不正咬合を予防する効果があります。また、胃腸のぜん動を助ける役割もあります。ハードタイプも硬い食感で同じ効果が得られますが、ソフトタイプは柔らかく、そればかりだと不正咬合などの歯の病気になりやすくなります。したがって、ソフトタイプを与えようとする場合、ハードタイプと混ぜて与えるようにしましょう。なお、高栄養のペレットの与えすぎは肥満の原因になります。副食やおやつを別に与える場合は、ペレットの量の調整をしましょう。基本的にペレットはチモシーの補助食として適量を与えましょう。

ポイント14

副食・おやつを与えて食べてくれる食材を増やそう

●野菜や果物、サプリメントなどはおやつとして与えましょう。ただし、食べすぎると大切な主食が食べられなくなるため、与えすぎに注意しましょう。

副食・おやつを与える目的はコミュニケーション

副食・おやつは、主食とは分けて考え、与える食べ物です。副食・おやつを与えることによって、主食の量が減ることのないようにしましょう。副食・おやつは、ネザーランドドワーフが、何らかの原因で主食を食べなくなったときのために食べてくれる食材を増やすことと、コミュニケーションやストレス発散に使う目的で与えます。

ちなみに、副食・おやつとして与える食べ物には、主に野菜や野草、果物（生やドライフルーツ）、サプリメントなどがあります。

野菜や野草

ブロッコリー

タンポポ

副食・おやつとして与える野菜や野草は食べさせて良いもの、悪いもの（ポイント15参照）を参考にして、少量を与えるようにしましょう。

与えても良い野菜としては、ブロッコリー、ニンジン、白菜(※)、ピーマン、パプリカ、カブの葉、カリフラワー、キャベツ(※)、レタス(※)、キュウリ、シュンギク、小松菜(※)、サラダ菜、パセリ(※)、セロリ(※)、パクチー、大根の葉、

（※）は注意が必要な野菜（ポイント 15 参照）

チンゲン菜(※)、びわの葉、トマト、ミツバなどを与えることができます。野草は、タンポポ、ナズナ、オオバコなどが良いです。

果物には、ビタミンCなどのビタミン類やミネラル、食物繊維が豊富に含まれています。ただし、糖質が多いため、過度には与えないようにしましょう。肥満や糖尿病、虫歯のリスクもあります。

果物は食べさせて良いもの、悪いもの(ポイント15参照)を参考にして、少量を与えるようにしましょう。

与えても良い果物としては、イチゴ、バナナ、ナシ(※)、モモ、キウイフルーツ、リンゴ(※)、パイナップル、パパイヤ、干し柿

ドライパパイヤ

など。ドライフルーツは、砂糖が添加されていない無加糖のものを選びましょう。

サプリメント

サプリメントは、固形のタブレットやペースト状、粉末や液体のものが市販されています。

主な種類としては、胃腸が弱ったときのための、整腸作用に優れた乳酸菌や納豆菌が配合されたもの、特にシニア期の子や病気で免疫力が低下しているときに与えると、免疫力が高まる成分が配合されたもの、毛球症の予防に効果があるパパイヤ酵素が配合されたものなど種類は豊富にあります。

乳酸菌

Check! うさぎは食糞する

食糞とは自分の排せつ物である「うんち」を食べる行動のことをいいます。このうんちは「盲腸便」とも呼ばれ大切な栄養源になります。うさぎは食糞しますので、ネザーランドドワーフはこの習性があります。盲腸便の特徴としては、コロコロの硬便とは違い、柔らかいブドウの房状のうんちです。

食糞は、一度では吸収できなかった各種栄養素(タンパク質、盲腸内の細菌により合成されたビタミンB群、ビタミンKなど)や腸内の有益な微生物を、うんちを再度体内に取り入れることで吸収することができます。

1日の排せつ量の半分以上は盲腸便です。自分の肛門から直接食べ、通常は食べ切ってしまうために目にすることは少ないです。

しかし、盲腸便とは違う落ちている柔らかいうんち(軟便)が副食・おやつで与えている食べ物などからの水分の取りすぎの可能性もあります。そのようなときは、水分の多い食べ物(野菜や果物など)の量を減らして様子を見るようにしましょう。

ポイント15

食中毒を起こす有毒成分が含まれた食べ物には要注意

● ネザーランドドワーフに与えてはいけない食べ物や、与えられるが注意が必要な食べ物を知っておきましょう。

野菜類

長ネギや玉ネギ、ニラ、ニンニク、らっきょうなどのネギ類にはアリルプロピルジスルフィドという成分が、また、ジャガイモの芽や皮には、ソラニンという有毒成分が含まれています。ジャガイモの芽以外は、人が日常的に食べていて何の中毒も起こさない食材ですが、ネザーランドドワーフには有毒な食材となりますので、絶対に食べさせてはいけません。また、ほうれん草にはシュウ酸カルシウムが含まれており、尿結石ができる可能性があります。また、アボカドにはベルジンという有毒成分が中毒を起こします。ゴボウも食べさせてはいけません。

ニンニク

アボカド

大豆や小麦、ナッツ類

生の大豆はレクチンというタンパク質によって中毒や消化不良を起こします。小麦は毛球症の原因となったり、盲腸の中に常在する細菌の異常発酵につながったりし

大豆

ピーナッツ

ます。ナッツ類（落花生やアーモンドなど）は、脂肪分が多くお腹を壊すことがあるので与えないほうが良いでしょう。

果物類

サクランボ、ウメ、モモ、ビワ、アンズ、スモモなどの熟していない果実や種子にも有毒なアミグダリン成分が含まれているため、危険な食材となりますので、食べさせてはいけません。

その他、人が飲食するもの

ケーキ、チョコレート、クッキー、ポテトチップスなどのお菓子、コーヒー、お酒は与えてはいけません。特にチョコレートにはカフェインやテオブロミンという有毒な成分が含まれており、嘔吐、下痢などの症状を起こす危険性があります。

ケーキ

ポテトチップス

与えられるが注意が必要！

野菜や果物はごく少量ならば問題ありませんが、キャベツやレタス、白菜などは水分が多いため、与え過ぎると下痢をしてしまう可能性があります。また、小松菜やパセリ、セロリ、チンゲン菜などはカルシウムが多いため、与え過ぎると尿路結石になる危険があります。果物では、ナシやリンゴといった植物繊維が豊富なものを多く与えると、消化できずに下痢を起こしてしまいます。与え方には充分注意しましょう。

対策

冷えたフードは常温に戻してから与える

与え方の注意ですが、特に夏には、鮮度を保つため冷蔵庫で保存した食べ物をそのまま与えてしまいがちです。しかし、ネザーランドドワーフは冷たい食べ物、飲み物が大の苦手です。ですので、冷蔵庫から出した物は常温に戻してから与えましょう。また、冬に水が冷たいときにはぬるま湯を足してあげるといいでしょう。

水飲み皿よりも給水ボトルか固定式がおすすめ

●ネザーランドドワーフに与える水は新鮮さを保ち、いつでも飲めるようにしてあげましょう。

水は固定した容器で与えるのがおすすめ

日本の水道水は基本的に軟水で衛生面でも安全なため、飲み水として与えて何も問題はありません。

水を飲む方法には給水ボトルと水飲み皿（置き皿）がありますが、ネザーランドドワーフが水で遊んでしまったり、移動したりする際にひっくり返さないように給水ボトルを使用するか、固定式のフード入れを代用することをおすすめします。

置き皿で水を飲む場合は

ネザーランドドワーフの中には給水ボトルからは水を飲まずに、置き皿から水を飲む子もいます。置き皿で水を与える場合、給水ボトルに比べて排せつ物などの異物が混入しやすく、水も汚れがちです。したがって、給水ボトルよりも注意して見てあげなくてはなりません。

1日2回は新鮮な水と交換しよう

ネザーランドドワーフは嗅覚が発達しているため、鮮度の悪い水はストレスの原因になります。したがって、新鮮な飲み水を毎日与えて、ネザーランドドワーフが飲みたいときにいつでも水が飲める環境をつくりましょう。基本的に水を入れる容器はしっかり洗って新しい水に入れ替えましょう。目安としては、給水ボトルは1日2回、置き皿では様子を見ながら2回以上は新鮮な水と交換しましょう。

水の交換の際にチェックしておこう

給水ボトルの水を交換する際には、水の量をよく確認しましょう。

毎日決まった時間に水の交換を行うと、減った分の水の量を把握しやすくなります。そのようにして把握していけば、季節性やその日与えた食事などの要素を加えたうえで健康か体調不良を起こしているかがわかるようになるでしょう。

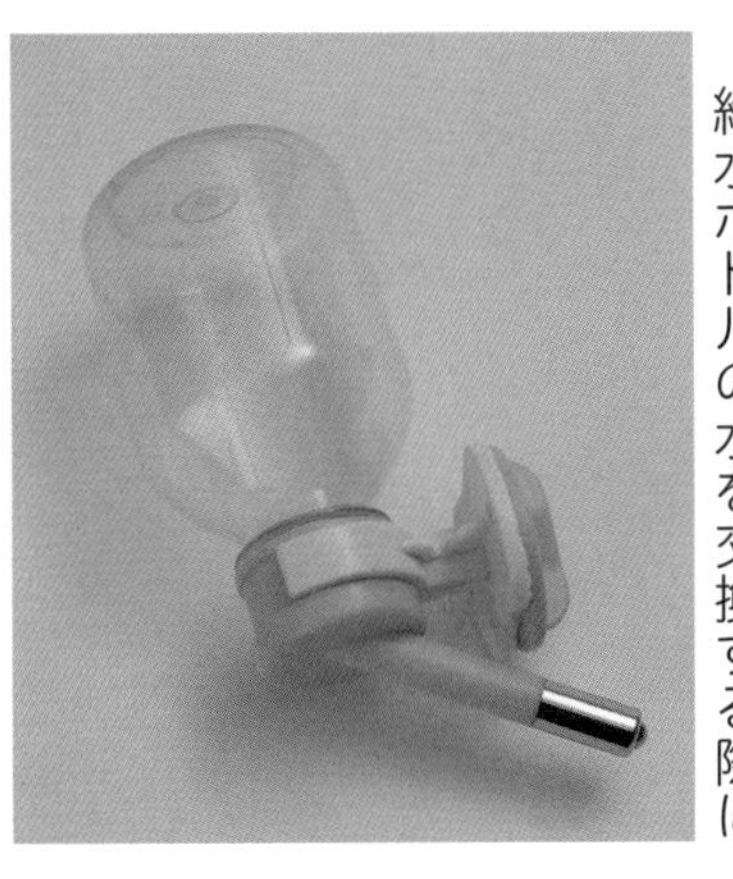
給水ボトル

対策 ネザーランドドワーフが水を飲んでくれない!?

ネザーランドドワーフが水を飲まなくなる原因としてよくあるケースが、給水ボトルからうまく水が飲めないことです。その他には、ネザーランドドワーフは本来的にデリケートな生き物であるため、飼い始めの頃には急な環境の変化によって水もフードも口にしなくなることがあります。また、水道水のカルキ臭を嫌がって飲まなくなる場合もあります。

前者の場合は、少しずつ環境に慣れてもらうことで、ふだん通りに水を飲んでくれるようになるでしょう。後者の場合は、水道水をすぐには与えずに、煮沸して常温に冷ましてから与えたり、汲み置きして１日置いてから与えたりすると良いでしょう。水道水に慣れてくると1日置かなくても飲んでくれるようになります。

また、その子が飲みやすい環境をつくってあげることも大事です。給水ボトルの取り付ける位置を変えてあげたり、置き皿を併用するなどの工夫をしてみてください。

なお、市販のミネラルウォーターを与える場合は、カルシウム含有量が多い「硬水」ですと尿路結石などの病気の原因となる可能性があるため、カルシウム含有量が少ない「軟水」を与えましょう。

快適で過ごしやすい温度は16～21℃、湿度は40～60％

●ネザーランドドワーフが快適で過ごしやすい環境づくりには温度と湿度の調整も欠かせません。

野生のアナウサギが生息している場所

ネザーランドドワーフの原種であるヨーロッパアナウサギは、イベリア半島（フランスからスペインにかけて）に生息しており、気候は地域によって差はありますが、比較的夏季は涼しく、冬季も穏やかだとされています。

そのため、気候の違う日本でネザーランドドワーフを飼育するには、温度や湿度を整えることが絶対条件となります。

ネザーランドドワーフの健康維持のためには、通年（特に夏と冬が大事）で適度にエアコンや加湿器をかけて一定の温度や湿度を保つことが好ましいです。

快適な温度と湿度

適温は個体によって異なります。

ネザーランドドワーフが寒そうにしていないか、暑そうにしていないかといった状態を毎日確認する必要があります。そのためケージに温湿度計の設置は欠かせません。

ネザーランドドワーフの快適温度は16～21℃、湿度は40～60％ですが、夏場にこの環境を維持することは難しいと思います。熱中症の予防のため、エアコンで室温を25℃までに調節し高くても28℃を超えない様にしましょう。

快適な温湿度を保つためのその他の注意

室内の快適な温湿度管理をするためには、常時使うエアコンや加湿器が常時正常に稼働するように清掃・メンテナンスにも気を配りましょう。

なお、室内で特定の温湿度を保とうとしていると、つい怠りがちなのが換気です。換気は、新鮮な空気に入れ換えるために適度に行いましょう。ただし、窓を開けての換気は、一時的に温度や湿度が変化しがちです。体が小さいために急な温度変化に弱いネザーランドドワーフには、特に気をつけながら行いましょう。

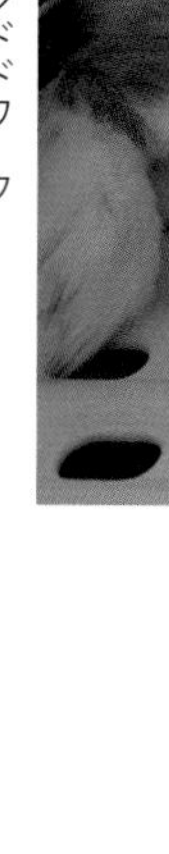

ケージの中でくつろぐネザーランドドワーフ

対策 ネザーランドドワーフの換毛期

ネザーランドドワーフは換毛期が年２回、年間を通して冬から夏にかけての時期と夏から冬にかけての時期にあります。具体的には春の換毛期には冬毛から夏毛になり、秋の換毛期には夏毛から冬毛に換わります。

換毛期には、全身の毛が抜け代わるためふだんより頻繁にブラッシングをして毛の飲み込みによる胃腸うっ滞を予防しましょう。

この時期は抜けた毛がふだんよりも多く空気中に舞いますので、換気や床の清掃、エアコンの清掃を心がけましょう。もちろん、換気の際はくれぐれも部屋の温度・湿度が急に変化しないように気をつけて行いましょう。

飼育のポイント

ポイント18

健康チェックは毎日怠らずに行おう

●飼い主にとって健康チェックは大切な日課です。毎日怠ることなく行いましょう。

食欲に異常がないかを確認

食事を与えるときに、食欲はあるか、食べたくてもうまく食べられないなどの症状がないかなどをしっかり確認するようにしましょう。

食事を与えて、すぐに食べ始めるのであれば、食欲があり健康な証拠です。

また、毎日同じ時間に同じ量まで水を給水して、増減の変化を確認しましょう。

ネザーランドドワーフの様子を観察

ネザーランドドワーフの目がパッチリと開き、澄んでいるか、目やにが出て涙目になっていないか、鼻水が出ていないか、呼吸は荒くないか、などを確認しましょう。

また、毛並みや毛艶はいいか、脱毛して皮膚がみえていないか、足を引きずっていないかなどの様子もしっかり観察して日々の健康チェックに役立てましょう。（ポイント5の「健康のチェックポイント」参照）

排せつ物をチェック

いつもよりうんちの量が少なくないか、小さくないか、軟便や下痢ではないか、おしっこに血が混ざっていないか、異常な匂いがしないか、排便時・排尿時に痛がっていないかなど、日々しっかり確認しましょう。

体重測定を行う

毎日決まった時間に体重測定を行うことで、日々の健康管理や病気の早期発見にも役立ちます。

大人のネザーランドドワーフの体重が増え続けている場合は肥満の可能性がありますし、食事の量が変わらないのに急に体重が減った場合は、病気にかかっている可能性があります。

病気の疑いがある場合は、日々の記録表を持って動物病院へ行きましょう。

記録表の例

Name：
日付　令和●年■月▲日
本日の体重：　　　g
本日遊ばせた時間：午後●時～午後●時

	主なチェック項目	種　類	量（g）
食べ物	主に与えたもの		g
			g
	おやつ		g
健康状態	様　子	元気・元気がない	
	うんちの状態	正常・異常	
	気になること		

Check! ネザーランドドワーフの日々の健康を記録しよう

毎日ネザーランドドワーフの健康を記録しておけば、いつ頃から体調が悪くなったのか、食事量に変化はなかったかなどを確認できて、診察や治療に役立ちます。

また、動物病院に行ったときに獣医師に見せれば、病気の兆候や原因に気がつきやすくなるという利点もあります。

食事の種類や量、体重、排せつ物の状態、元気があるかどうか、見た目の状態、気になることなどを簡略した形でもいいので、上記のように日々の記録として残しておくことをおすすめします。

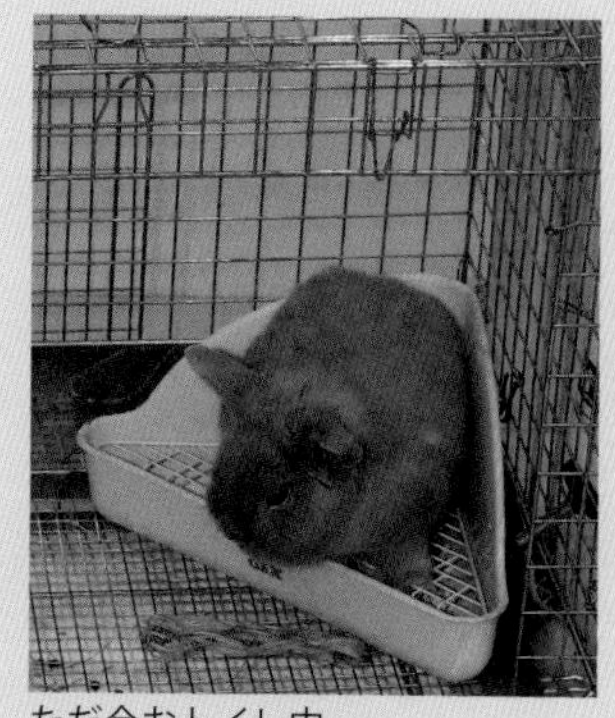
ただ今おトイレ中

ポイント 19

生後1歳の頃までに多様な食べ物を与えよう

味覚の定まっていないこの時期には、さまざまな食べ物を与えて食べられるものの数を増やしておきましょう。

ネザーランドドワーフのライフステージ

ネザーランドドワーフのライフステージは、大きく5つに分けられます。おおよそ次のようになります。誕生から3～4ヵ月頃までの幼齢期、3～4ヵ月頃～1歳頃までの思春期、1歳頃～4歳頃までの青年期、4歳頃～7歳頃までの壮年期、7歳以降の高齢期（10歳以上は「超高齢期」）です。

ネザーランドドワーフのライフステージ

年齢	ライフステージ
誕生から３～４ヵ月頃まで	幼齢期（「幼児期」とも呼ばれる）
３～４ヵ月頃～１歳頃まで（個体によっては３歳頃まで）	思春期（「幼齢期」と合わせて「成長期」とも呼ばれる）
１歳頃～４歳頃まで	青年期（「維持期」とも呼ばれる）
４歳頃～７歳頃まで	壮年期（「中年期」とも呼ばれる）
７歳以降	高齢期（「シニア期」とも呼ばれる） 10歳以上は「超高齢期」

幼齢期からのお迎え

一般的に飼い主がお迎えできるのは、だいたい生後2ヵ月経った頃の子からです。離乳期はすぎ、歯は生後40日齢（生後約1ヵ月半）迄に永久歯に生え替わっています。

育ち盛りの時期です。多くのカロリーが必要となりますので、牧草は食べられるだけ、ペレットも多めに与えてOKです。

牧草はチモシーだけではなく、高タンパクなアルファルファも与えてください。

しかし、しばらくは胃腸の機能はまだ弱いため、下痢をしない様に気をつけましょう。

多様な食べ物を与えることの大切さ

フードへの嗜好性が決まる前に、主食にする牧草やペレットも何種類か銘柄や原材料の違うものを与えたり、副食・おやつなどに多様な食材を食べさせたりすることが大切です。

そうすることで、栄養バランスの偏りを防ぐだけでなく、何かの原因で急にいつものフードを食べなくなったときや、病気のときに食べられる食材を増やすことができます。

Check!

肥満に注意

ネザーランドドワーフは成長が早く、1歳くらいでも肥満傾向になる場合もあります。したがって、6ヵ月頃までの成長期に与える主食は基本的に好きなだけ食べさせることができますが、その後はペレットの量の調整や、ペレットでも高カロリーなアルファルファ主原料のものからチモシー主原料のものへ切り替えが必要になることもあります。その点には注意してください。

ポイント20

問題行動が多くなる思春期の対処法を知っておこう

●思春期には縄張り意識が芽生え、自己主張の行動をするようになります。そうした思春期の問題行動への対処法を知っておきましょう。

思春期とは

一般的に生後3、4ヵ月の頃から迎える成長過程に「思春期」があります。成熟した大人になるまでの時期をいいます。

人間に例えるのならば、この頃はちょうど10代半ばに当たります。自我が芽生え、縄張り意識も芽生えて、幾つかの問題行動が起きる特徴的な時期です。飼い主は、うさぎにはそうした時期があることと、適切な対処法を知っておきましょう。

なお、その個体の個性にもよりますが、3歳頃まで思春期の場合もあります。

よく見られる問題行動とその対処法

マウンティング行為

マウンティングとは、動物が自

分の優位性を表わすために相手に対して馬乗りになる行為のことをいいます。飼育されているうさぎの場合には、他のうさぎや飼い主の腕や足などに乗っかって腰を振る行為をします。特に飼い主の足に乗ってマウンティングする行為を許していると、飼い主よりも自分が優位であるという意識を持ってしまうため、足をどけるなどして無視しましょう。マウンティングがしつこい場合には、ボールや人形を与えるなどして、気を逸らすと良いでしょう。

マウンティング行為

スプレー行為

トイレ以外でおしっこをまき散らす行為をスプレー行為といいます。これは男の子に多い行動ですが女の子でもすることがあります。縄張りの確保や発情のときなどに見られる行為です。飼い主が注意することとしては、まき散らされたおしっこ（ときにはうんちも）の臭いが残っているとさらにエスカレートしてしまうことがあるため、すぐに掃除をしたり消臭剤を使ってしっかり拭き掃除をしたりして臭いを消しましょう。

このような行為を抑えるには、自分の縄張りを広げないようにサークルをつくって行動範囲を制限したり、ケージ外での遊べる時間を制限したりするなど、行動や時間を制限すると効果的です。

スプレー行為があまりひどい場合は、去勢することも考慮しましょう。

突然噛んでくる

思春期には、今まで噛まなかったのに突然噛みつくようになることがあります。

飼い主の手が突然真上から伸びてきて、びっくりしたことで噛みつくといったことがありますが、そうした理由もなく飼い主が噛みつかれたら、「ダメ！」と短い言葉と毅然とした態度で叱りましょう。このとき、飼い主が逃げてしまうとうさぎは自分が上位であると認識してしまい、さらにその行為を見せるようになってしまいます。それで止めることがないようであれば、うさぎの上に覆いかぶさり、自分の顎をうさぎの頭に擦り付けて、人が上位だということを教える方法があります。おとなしくなったら優しく撫でてあげてください。この機会を繰り返していくことで噛みつくことが無くなってくるでしょう。ただし、それでもなお噛んでくるという場合には、去勢という手段もあります。かかりつけの獣医師ともよく相談して判断してください。

抱っこやグルーミングを嫌がる

抱っこされたり、グルーミングされたりすることを嫌がる、あるいは嫌がって噛むようになることがあります。抱っこやグルーミングは、うさぎにとっては捕まえられることでもあり、本能的に嫌がる傾向があります。

ケージの外に出してあげる際に抱っこを嫌がる場合には、素早く抱き上げることができる環境づくりを考えたり、しばらく様子を見て抱っこのタイミングをはかったりすることが大切です。また、グルーミングの場合には、その子がまだ縄張り意識を持っていない違

う場所で行うと効果的です。思春期では、縄張りを守ろうとして他者の侵入を嫌がるためです。縄張り以外の場所では、その場に気が向いておとなしくなる場合もあります。さらにその後は、ご褒美を与えてあげることも大切です。我慢した後には、楽しいことやうれしいこと、美味しいことがあることを認識してもらうようにしましょう。

偽妊娠

偽妊娠とは、女の子が実際には妊娠していないのにかかわらず、ホルモンのバランスにより体が妊娠したと勘違いしてしまい、産室をつくるような行動を起こすことをいいます。具体的には、自分の毛を抜き取り、その毛や牧草などを一か所に集める行為が見られます。

これは本能からの行為で病気ではありません。たいていは2週間前後で落ち着きます。

対処法としては、この行為を助長させない環境をつくることが大切です。口に毛をくわえているときには、そっと口からその毛を取り除いてください。また、抜き取ってその場に置かれた毛は取り除いてあげることと、長めの牧草を与えることで、無駄に毛を抜く行為を止めさせることにも繋がります。また、巣づくりではなく別の行為に気を向けさせるために興味を引くようなおもちゃなどを与えてみるのもいいでしょう。

なお、偽妊娠によって母乳が出てしまうことがあるため、飼い主は、その子に触れそうなときにそっとお乳を触ってみてください。熱をもっていたり、大きく腫れていたりするような場合は、獣医師に相談しましょう。

青年期から壮年期にかけては肥満に注意

活動が活発になる青年期、シニア期直前の壮年期、日々のケアや栄養管理を怠らずにやっていきましょう。

一日30分から1時間走らせる環境をつくろう

青年期（維持期／1歳頃～4歳頃まで）は、ますます活発に活動をするようになります。

一日30分から1時間、走らせたり軽いジャンプをさせたりすることができる環境を与えてあげることが大切です。家の中でそうした部屋が無いのであれば、サークルの中やケージの中に運動の要素を入れてあげてください。

青年期は食餌の量の見直しが必要

食欲も旺盛ですが、この時期に特に大切なのがフードの与え方です。ペレットの量をそれまでの成長期と同じように体重の3～5%を与えていると太り始めてしまいかねません。維持期では1～3%が適量といわれています。適正体

重を知り、フード量を調節しましょう。

繁殖行動やケンカにも注意を

避妊・去勢手術をしていない場合、生殖器官も成熟しているため、男の子と女の子を一緒の空間に居させると繁殖行動をしてしまいます。したがって、繁殖を予定していない場合には気をつけましょう。また、同居させやすい女の子同士でも、自己主張が強い時期でケンカをすることも多くなるため、飼い主は充分に気をつけましょう。

壮年期は特に肥満に注意

壮年期（4歳頃～7歳頃まで）は、体が衰え始め、一日の活動量が減ってきます。さまざまな病気の心配も出てきます。この時期には特に肥満に気をつけましょう。肥満には、足裏や関節、心臓や内臓全般への負担のみならず、食糞ができなくなることでの必須栄養素の摂取不足などを起こしかねません。

予防策には、運動と食事制限が効果的です。一つの方法として、主食の牧草（主にチモシー）にクレイングラスなどのカロリーの低い牧草を混ぜてあげたり、チモシー主原料のペレットに替えたり、量の調節など工夫することが大切です。

シニア期への備え

壮年期のもう1つの大切なことは、7歳の頃から迎えるシニア期への備えの時期であるということです。日々元気に活動しているからといって必要な管理を怠っていると、シニア期に何らかの病気を発症しかねません。この時期の栄養状態がシニア期の健康度を決めるといっても過言ではありません。

シニア期は今まで以上にその子の様子に注意を払おう

●シニア期のケアの仕方を知っておきましょう。

今まで以上に温湿度管理に注意

7歳くらいからはシニア期に入ります。老化が進むと若いときのように冬の寒さや夏の暑さに体がうまく対応できなくなったり、免疫力が下がり病気にもかかりやすくなったりするので、今まで以上に温湿度管理に注意をしましょう。

安全で快適な環境づくり

運動能力が落ちて動きが鈍くなったり、視力が弱ったり、食も細くなったりします。また、トイレも決まった場所ではなく、我慢できずに、違う所ですることもあるでしょう。そのようなとき、安全かつ快適に暮らせるようにケージ内の環境にも配慮する必要があります。

床材については、排せつ物が下に落ちやすく体が汚れにくい環境づくりが大切です。例えば、ケージの下部に金属製の下網がある場合、部分的に足に優しい木製スノコやワラ製の座ぶとんなどを敷いてあげましょう。また、足腰が弱ってきた場合、段差をなくす工夫やフード入れを低い位置にしたり給水ボトルから飲みやすいサイホン式の水飲みに変えたりすることも必要です。

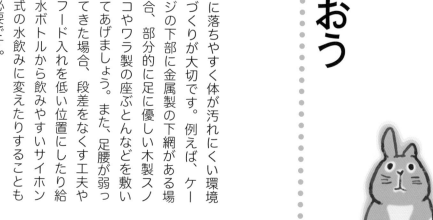

個体に合わせて食事の見直しを

運動量が減ってエネルギー代謝が落ちるため、壮年期の頃から徐々に低カロリーで消化の良いフードに切り替えていくと良いでしょう。

また、高齢になると食欲が落ち、しかも水分もうまく摂取できなくなりがちです。食が落ちてきたら、栄養バランスが良く嗜好性の高い食事を与えるようにして食欲を増進させたり、水分摂取不足対策のためにハイポトニック飲料(※)や水分を多く含む野菜などを与えたりするなどの工夫も必要です。

なお、今までケージに掛けるタイプの給水ボトルを使用していた場合、それが飲みにくそうであれば、床に置くタイプのサイホン式の水飲みか固定式のフード入れを代用することをおすすめします。

(※) ハイポトニック飲料とは、普通の水よりも素早く体に吸収されるように浸透圧を調整している飲料水をいいます。

定期検診が大切

この時期に入ったら、専門家である獣医師の目でしっかりと健康が管理された状態かどうかを診てもらうために、半年に1回、あるいは、その個体の状態にもよりますが、できれば3ヵ月に1回を目安に定期的な検診をおすすめします。

対策 シニア期のケガや病気のリスクに注意

シニア期のリスクについては、前述のように、運動能力としては、手足の力が弱くなったり、下半身の肉が落ち始めるために足もとがおぼつかなくなってきたりします。また、ふだん通りジャンプしたつもりでも、踏ん張りが足らずにミスしてケガをするリスクもあります。さらに、視力が落ちることによって足を滑らせることもあります。

内臓の機能も衰えてきます。下痢や便秘、疲れやすいといった様子が見られます。また、食欲がなくなり、痩せ細ってくることがある反面、食欲があまり変わらない場合、運動量が落ちてきているために逆に体重が増加することもあります。また、毛づくろいをする頻度が減ることによって、バサバサで毛並みも悪くなってきます。さらに、免疫力が衰えるため、病気になりやすく、寝ている時間が長くなります。

以上のように、シニア期のネザーランドドワーフにはそれまでの青年期や壮年期と比べて、老化によるさまざまな能力や体の変化が出てきます。飼い主はこの時期を迎えるネザーランドドワーフのことを充分理解したうえで、できるだけ快適な環境をつくってあげましょう。

繁殖の際には飼い主は知識と責任をもとう

●ネザーランドドワーフの繁殖の方法とその注意点を知っておきましょう。

繁殖には責任を持とう

人間と同じように、動物の繁殖は非常に危険で大変なことです。

新たなネザーランドドワーフをお迎えする場合も同じですが、新たな個体が生まれると、お世話も飼育費も今まで以上になります。個体によっては、その後10年以上長生きします。

ただ可愛いからというだけで繁殖させるのではなく、繁殖させると決めたら、愛情と責任を持ち続けて、根気よくお世話をしましょう。もしも、新しく生まれたネザーランドドワーフを飼育できない状態であれば、必ず引き取り先、里親を見つけてあげてください。

繁殖可能かどうかを最初に見極めよう

女の子が不正咬合や神経障害などの疾患をもっていて、それが遺伝的な要因によるものであるとすれば、同様の子が産まれる可能性があるため繁殖は避けたほうが良いでしょう。また、性格が過度に神経質で怖がりだったり、攻撃性があったりという場合にも繁殖に向いていない可能性があるので注意してください。

また、病弱であったり、病中、病後、痩せすぎ、肥満の子なども危険が伴うので避けましょう。

そして、近親交配は体が弱い子

や奇形の子が生まれる可能性もあるので、絶対に行わないようにしましょう。

性成熟の時期

ネザーランドドワーフの性成熟期は、それぞれの個体によって違ってきますが、早い子では男の子も女の子も3～4ヵ月で迎えます。通常は、おおむね生後6ヵ月～10ヵ月の間に迎えます。

発情と繁殖行動

繁殖は一年中可能です。しかし繁殖の時期は、梅雨の時期と真夏、真冬は避けて、気温の変動が少なく子育てがしやすい春や秋を選ぶと良いでしょう。

発情すると男の子は、ぬいぐるみや飼い主さんの腕や足にマウント（乗っかって腰を振る行為）をしたり、縄張りを主張するためスプレー行動（おしっこを飛ばす）をしたり、スタンピング（後ろ足をダンダンと踏み鳴らす）やアゴの臭腺の分泌物をこすりつけたりする行為が多く見られます。女の子は生殖器が赤っぽく腫れます。女の子には一定の発情周期（交尾を受け入れる7～10日間の許容期と1～2日の休止期が繰り返される）があります。許容期に男の子がマウントすると女の子はしっぽをあげて交尾の体制をつくります。うさぎは交尾による刺激で排卵が起こる交尾刺激排卵動物です。

対策
ネザーランドドワーフの妊娠・出産

受精が成功していれば、交尾から３週間ほどでお腹が目立って大きくなります。妊娠期間は 28 日～ 36 日間（たいてい 31 ～ 32 日）です。その間はなるべくストレスがかからないようにできるだけ静かに過ごさせることが大切です。毎日必要なケージ内の掃除は、この間は必要最低限にしておきましょう。

出産予定日が近づいてくると牧草や自分の毛を巣材にして巣作りを行うようになります。そのため、出産予定日の５～７日ほど前にはケージ内に多めの牧草と巣箱を用意してあげましょう。また、この頃はかなり神経質になっているため、人が巣箱をのぞいたり触ったりしてはいけません。ケージは布や段ボールなどで覆ってなるべく静かに見守るようにしましょう。出産はたいてい夜から明け方にかけて行われます。一度に平均２～３匹の子が産まれてきます。

繁殖の正しい手順を知ろう

ネザーランドドワーフを繁殖させるには、正しい手順を知ることが大事です。

男の子と女の子のお見合い

すでにペアで飼っているのなら相性は問題ないと考えられますが、すでに1匹飼っていて、そこに新たに1匹を迎えて繁殖させようとする場合は、まずは相性を確かめることが大切です。お見合いの方法は、まずは一匹ずつ違うケージに入れて、お互いの臭いを感じさせるために、ケージの距離を近づけて数日間様子を見ます。

同居の手引き

お互いの臭いに馴れてきたら会わせてみましょう。一緒のケージに入れる際は、男の子のゲージに女の子を入れるようにしましょう。逆の場合は、縄張り意識の強い女の子の場合にケンカになる可能性があります。

なお、同居を始めてケンカするようでしたら、すぐにケージを離すようにしてください。ケンカにならなくて、仲良くしているようでしたら、相性が良いです。

逆に一方が攻撃的になったり相手に無関心でいたりする場合は、双方の相性は悪いので、すぐにケージを別にして他の個体とのお見合いを考えましょう。

交尾とその時間

交尾は男の子が女の子にマウン

トして行われます。男の子がキーッと鳴いて横に倒れたら交尾は終わります。特に鳴いたり倒れたりすることなく終わることもあり、その時間は30秒程度です。

仲の良いペア

対策

ネザーランドドワーフの妊娠期間中のケアと出産後の注意

妊娠期間中は食欲が増します。特に妊娠後半期になるとさらに食欲が増進しますが、ふだん通りの食事を目安にしながら、栄養補助としてのフード（栄養補助食品など）をプラスして与えるのが良いです。そして牧草はチモシーが中心とはなりますが、その個体の食欲や体の状態によっては、栄養価の高いアルファルファを与えるのがおすすめです。なお、水はいつも以上に与えましょう。

出産の時間は、たいてい夜から明け方で、30 分ほどで終わります。出産中は飼い主は手を出してはいけません。

出産後は、母親が安心して子育てができないと思ったり、産んだ仔に他の臭いが付いてしまったりすると、それが原因で育児放棄をしてしまう可能性があります。

したがって、もし飼い主さんが巣箱の中の赤ちゃんの様子を確認したかったり、巣箱の中の掃除をしたりする必要がある場合には、母親を一旦ケージの外に出して、ペレットや好物などを与えて気を紛らわせながら、臭いが付かないように軍手などをはめて確認や掃除をしましょう。

なお、巣箱の中を確認した後は、なるべく同じ環境のままにしておきましょう。汚れた牧

草などは部分的に新しいものと換えることは良いのですが、抜かれた毛などは戻してあげることが必要です。

コラム 1

『うさぎのいる生活をサポートする店』をテーマに

どこのご家庭でも うさぎとともに暮らす ライフスタイルを提案

飼いうさぎは、現在世界で 150 品種以上、アメリカでは 50 品種(※) あるとされています。本書監修補助の町田さんに、うさぎの魅力や同氏の取り組みなどについてお聞きしました。

有限会社オーグ・うさぎのしっぽ
代表取締役　町田修さん

今やうさぎはコンパニオンアニマル

「今日では、本当に人間と心を通わす動物として、うさぎというのはまさにコンパニオンアニマルになったということを実感しています」と。

かつて人間とうさぎとの関係は、長い歴史があるのにも関わらず、多くはその生態をよく知られずに「うさぎは寂しいと死ぬ」「うさぎに水を与えてはいけない」などの誤解をされた中で、外飼いする動物の代表格のような存在でしかありませんでした。しかも多くの人々に「汚い」、「臭い」といった先入観さえ持たれていました。

そのような世間一般の認識の中で町田さんは、うさぎに関心を持って自ら飼育し、さまざまな情報を集める中で、うさぎは臭くないし鳴かない（近所迷惑にならない）、しかも、しつけもでき、人に懐いて癒しを与えてくれるという、人とともに楽しく暮らすことができる動物だと、その魅力に気づいたといいます。

「今ではペットが飼えるマンションは多くあるので問題ありませんが、自分たちがうさぎの仕事をはじめようと思ったときくらいに、ペットが飼えるマンションは皆無でした。しかし、うさぎは鳴かないし、たとえ一人住まいだとしてもいろいろと準備をすれば飼って楽しむことができるため、将来的には日本のペットとして受け入れられるのではないかと思いました」

ちなみに、町田さんが始めた「うさぎのしっぽ」は、1997 年 5 月に横浜市磯子区の丘の上、住宅街の一軒家から始まりました。その後、単なるペットを超えたコンパニオンアニマル（伴侶動物）として家庭に迎える飼育家が増えてきたことに伴って店舗を増やしていき、現在では横浜、恵比寿、洗足、柴又、吉祥寺、二子玉川、ヴィーナスフォート、海老名ビナウォーク、南町田グランベリーパーク、越谷レイクタウン、幕張新都心、などの 11 店舗（2021 年 11 月現在）と通販売部を展開しています。

※世界最大規模を誇るうさぎのブリーダー協会である ARBA（AMERICAN RABBIT BREEDERS ASSOCIATION ／アメリカン・ラビット・ブリーダー・アソシエーション）では公認品種として 50 品種（2021 年現在）が登録されている。

うさぎの地位向上に向けて

現在では多くのうさぎ専用のグッズが誕生していますが、創業当初の90年代は日本国内でうさぎ専用の飼育用品はまだ開発されていませんでした。取り扱ううさぎの飼育用品はそのほとんどがアメリカからの輸入でした。自らアメリカに行き、これはいいなという商品を購入しては日本で販売していたといいます。

そうした状況の中で、

「自分たちがお店を始めたときから同じなのですが、一番最初にうさぎのペットとしての地位を犬猫と同じくらい上げたい。そう考えると飼育用品やフードに関しても使いやすく質の良いものが普通に手に入る環境をつくっていかないと、犬猫同様に飼われることにはならないだろうと思いました」

そこで町田さんは日本のメーカーに積極的に提案し、飼育環境に不可欠な用品の共同開発を進めていきました。（コラム2に続く）

品揃えが豊富な店内（写真は横浜店）

第3章

住む環境を見直そう

～住環境を改善するためのポイント～

ポイント25

体が汚れたら専用スプレーとキッチンペーパーで軽く拭き取ろう

●入浴はストレスやその後に濡れた状態のままだと皮膚の病気の原因になりかねません。そのため、体が汚れたら専用スプレーを汚れた部分にかけて優しく拭き取るのがおすすめです。

ちょっとした汚れを取り除く

部屋んぽ（部屋で散歩させること）の際にケージから出すと、狭い所が好きなうさぎがホコリだらけの家具の隙間などに入って足や体が汚れてしまうことがあります。また、スノコや床にしたおしっこを踏んでしまって足が濡れてしまうこともよくあります。

そのような汚れが気になる場合には、グルーミング用スプレーを汚れた部分にかけてティッシュかキッチンペーパーで拭き取るのがおすすめです。

お湯を使った部分洗い

ネザーランドドワーフは食糞しますが、食べ切れずに盲腸便が肛門周辺や足の裏などにこびりついて固まってしまうことがあります。その場合、グルーミングスプレーをかけて拭き取ってもきれいにできないことがあります。このように汚れがひどい場合には、ぬるめのお湯を洗面器に用意して、その部分を優しく洗い流しましょう。

部分洗いの手順

①洗面器などにぬるめのお湯を入れる。

②汚れた部分をお湯につけてやさしくもみ洗いします。

③汚れが取り除けたら、濡れた部分が乾燥するようにタオルでよく拭いてください。

④必要があれば、熱風の当て方に注意しながらドライヤーで皮膚の部分まで乾かしましょう。

26 耳の汚れをきれいにしてあげよう

●ネザーランドドワーフの耳の表面が汚れていたら耳をきれいにしてあげましょう。

準備するもの

・小動物用グルーミングスプレー
・綿棒
・ティッシュペーパー

掃除の範囲と頻度

耳の奥の方まで綿棒を入れてしまってケガをさせないためにも、耳の表面、入口付近までの掃除だけでかまいません。汚れが目立つときにのみ行いましょう。耳の中まで掃除の必要がある場合は獣医師やうさぎ専門店に相談してください。

耳掃除の方法

抱っこして太ももの間で保定し、片手で耳を開きながら、もう片方の手で耳掃除を行います。

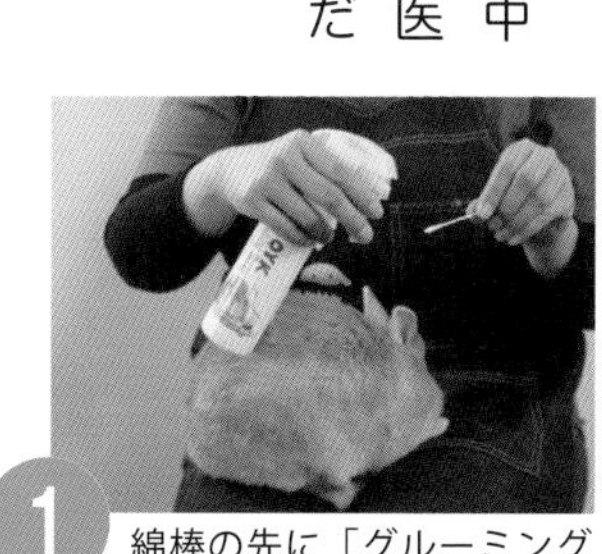
OK
1 綿棒の先に「グルーミングスプレー」をかける

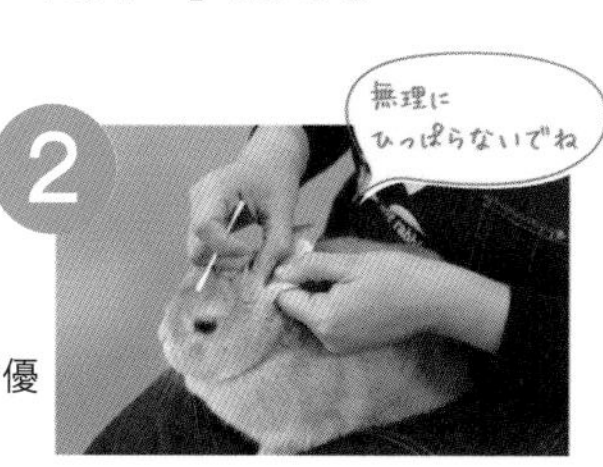
無理にひっぱらないでね
2 綿棒を持ったまま、指で優しく耳の付け根を広げる

むずかしい場合は、コットンに「グルーミングスプレー」をしみ込ませて、耳の中を軽く拭くだけでもOk!
3 綿棒で優しく汚れを取る。目に見える範囲でOK。このようにして、両耳の掃除をする

ポイント27

臭腺の汚れをきれいにしてあげよう

●お尻の臭腺が汚れていたらきれいにしてあげましょう。なお、この施術は初心者の方には難しいので、うさぎ専門店のグルーミングサービスや獣医師に任せましょう。

準備するもの

・小動物用グルーミングスプレー
・綿棒、又はコットン
・グルーミングブラシ

掃除の範囲と頻度

肛門の脇の鼠径腺は分泌液が溜まりやすい部位です。

分泌液が溜まると汚れがこびりつき、臭いも強くなります。気になるときに優しく取り除きます。

臭腺の汚れを取り除く方法

太ももの上で仰向けにしてネザーランドドワーフの体側面を前腕で安定させせます。

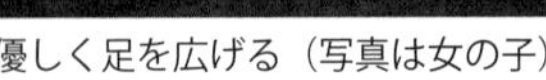
1 優しく足を広げる（写真は女の子）

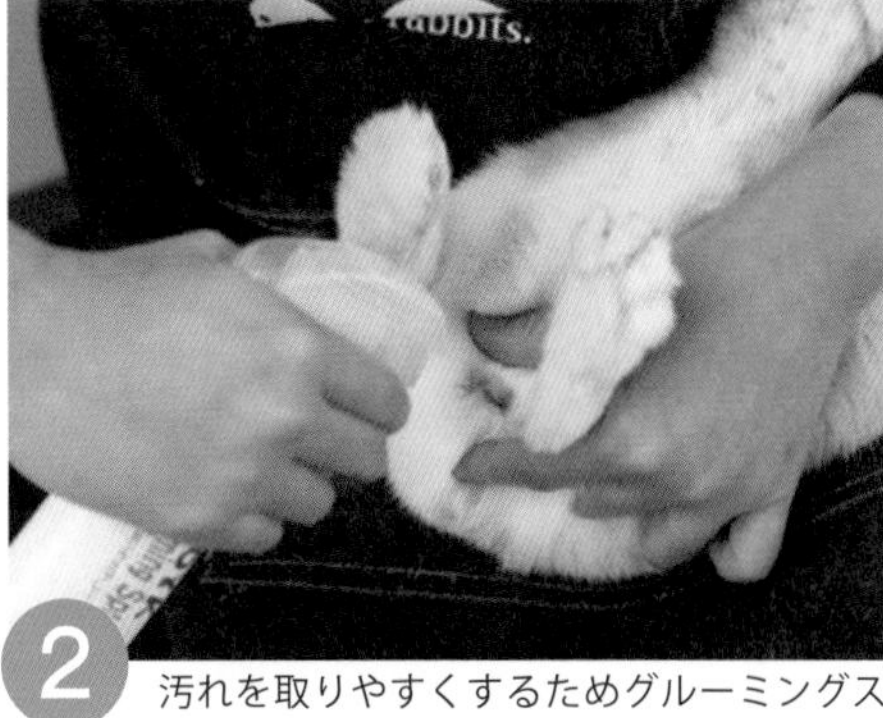

2 汚れを取りやすくするためグルーミングスプレーを臭腺部分に吹きかける

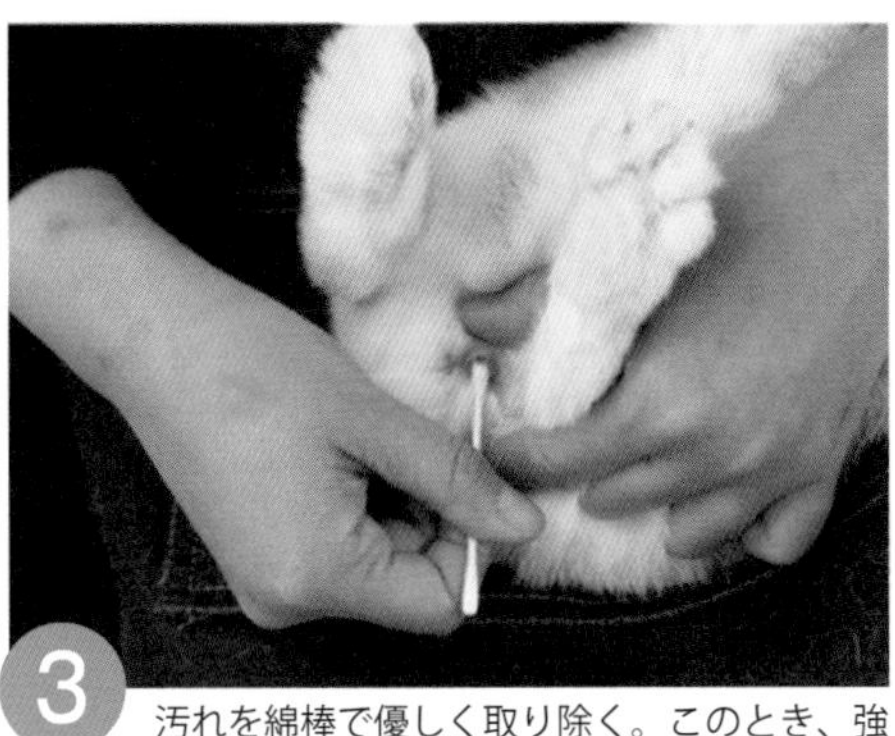

3 汚れを綿棒で優しく取り除く。このとき、強くこすらないようにする

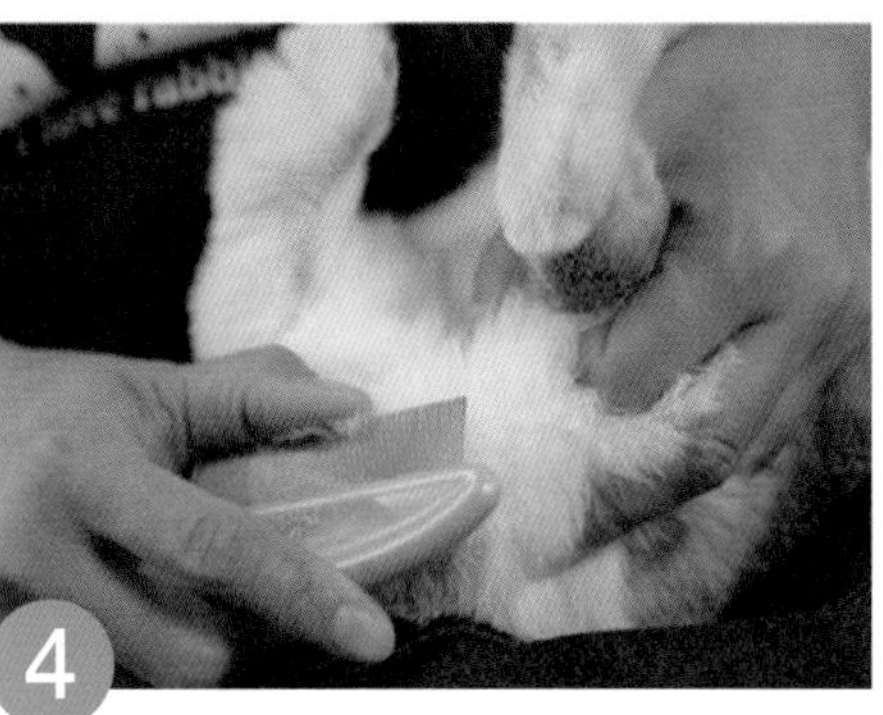

4 お尻に汚れがついている場合は、皮膚を傷つけないように親指をピンに当て、汚れの部分だけに当たるようにしてグルーミングブラシ（写真は「デリケートコーム」）で取り除く

男の子の場合

優しく足を広げて、まず睾丸をチェックする。赤みや大きさの違いがないかなどを確認したら、女の子と同様に臭腺とお尻の汚れを取り除く

※もし赤みがあったら、専門店か獣医師に相談しましょう。
※生後3ヵ月くらいまでは睾丸がおなかの中に隠れているため、わかりにくい場合があります。

ポイント28 爪は1カ月半～2カ月に1回は切ってあげよう

●爪が伸びたら適切に処置してあげましょう。

準備するもの

- 小動物用もしくはうさぎ専用の爪切り
- タオル（突然のおしっこ対策）

爪切りの頻度

野生であれば、穴を掘ったり、野を駆け回ったりしているうちに爪がすり減っていくので、爪切りをする必要がありません。しかし、飼育下のネザーランドドワーフは野生の環境とは大きく異なり、爪が削れる機会がなく爪が伸び放題の状態になります。個体によって違いがありますが、伸びるのが早い個体の場合は、1ヵ月半から2ヵ月に1回は爪を切りましょう。

伸びすぎた爪を放っておくと、ネザーランドドワーフの活動に悪影響が出るばかりか、何かに引っかかってケガをしたり、持ち上げたときに飼い主の手や腕などを引っかいたりして傷をつけてしまいかねません。

カットする爪の範囲

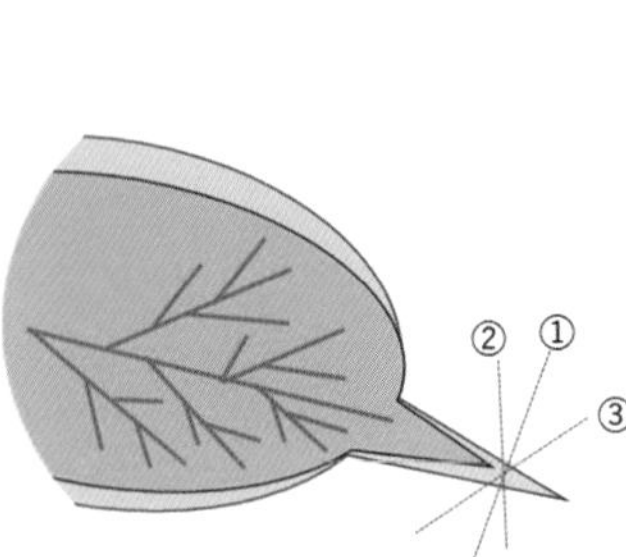

血管から2～3ミリ上のところをカット

うさぎの爪は、後ろ足の指4本ずつ、前足は5本ずつあります。爪には血管が通っているため、血管から2～3ミリ上のところをカットします。まず一度カットして（図の①）、次に2か所（図の②と③）を斜めにカットして面取りをします。こうすることで爪の角が取れて引っかかりにくくなります。

爪の切り方

もし1人では難しい場合は、2人で行いましょう。1人が抱いて爪を出し、もう1人が切るようにします。全ての爪を1回で切らず数回に分けてやってもいいです。できない場合は、うさぎ専門店や獣医師に任せましょう。

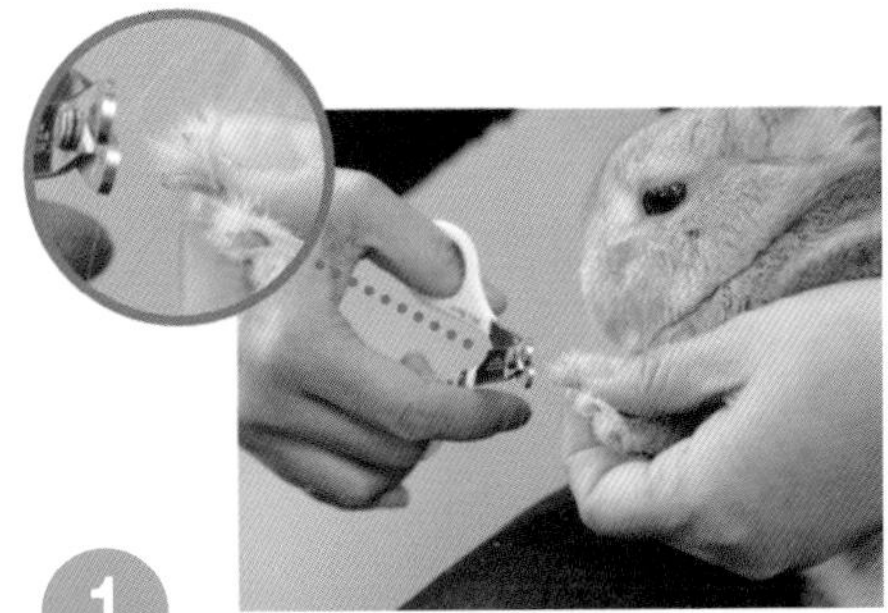

1 後ろ足を太ももの間で安定させ、前左足から1本ずつカット。毛をかき分けて爪の根元をおさえてカットする

2 次に前右足の爪をカットする。手首で顔をおさえるようにして安定させて、1本ずつカットする

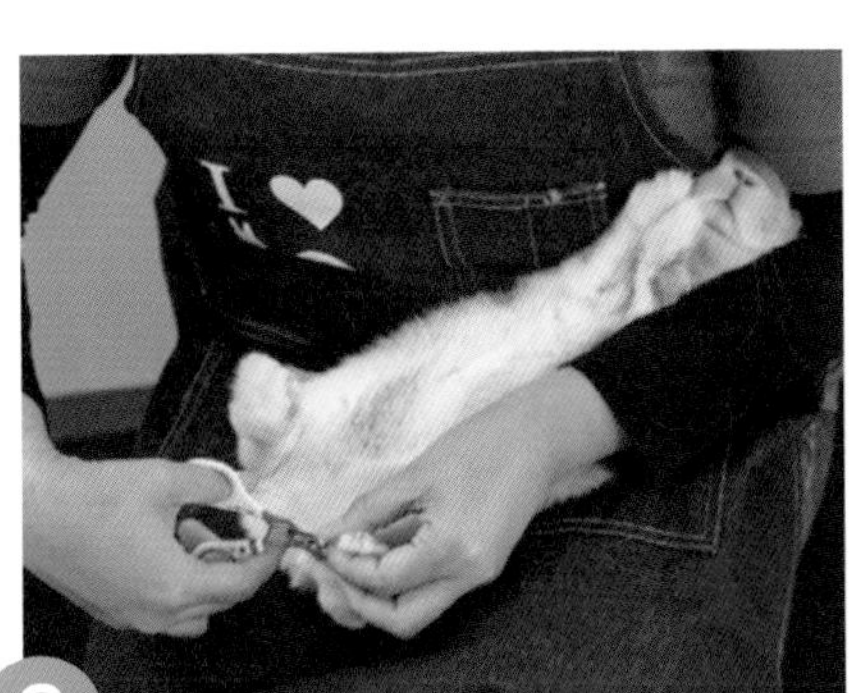

3 後ろ足の爪をカットするときは仰向けにする。前腕で保定して、爪の根元をおさえて1本ずつカットする

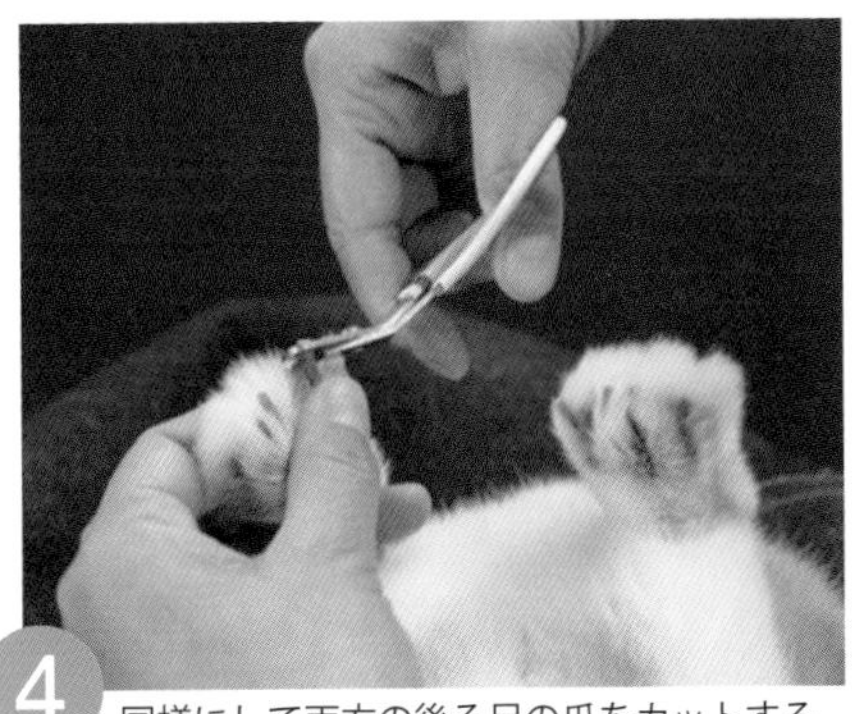

4 同様にして両方の後ろ足の爪をカットする

ポイント 29

毛を飲み込まないようにブラッシングしてあげよう

●コミュニケーションの手段としてもやってあげたいブラッシング。1週間に1回〜2回、換毛期は多めに行いましょう。

飼い主がブラッシングする意義 毛の中の汚れを取る

毛の中に入って付いた汚れは、なかなか取り去ることができません。ブラッシングは、そうした毛の中の汚れを取り去る効果があります。あまりにも毛が汚れている場合には洗って取り除く方法もありますが、そこまでは必要ない場合にはブラッシングが効果的です。

ムダ毛や換毛期の抜け毛を取る

日常でもそうですが、特に春と秋の換毛期には、毛が多く抜け換わります。その際にネザーランドドワーフは、自ら毛づくろいをしているときに、なめ取って多くの毛を飲み込んでしまいます。これがスムーズに排せつ物として体外に出せれば問題はないのですが、ときに胃や腸内にたまってしまうと病気（毛球症／ポイント44参照）の原因になる危険性があります。そこであらかじめ飼い主がブラッシングすることで、そうした毛を取り除くことができます。

換毛期には、少なくとも2〜3日に1回の割合でブラッシングを行ってください。

健康状態をチェックする

皮膚や被毛の状態を確認する機会になり、ネザーランドドワーフの健康状態のチェックになります。また、ブラッシングによって皮膚の血行を良くするマッサージ効果も見込めます。

準備するもの

・グルーミングスプレー
・ラバーブラシ
・仕上げブラシ

ブラッシングの方法

抱っこして太ももの間で安定させます。やさしく声をかけながらブラッシングしましょう。

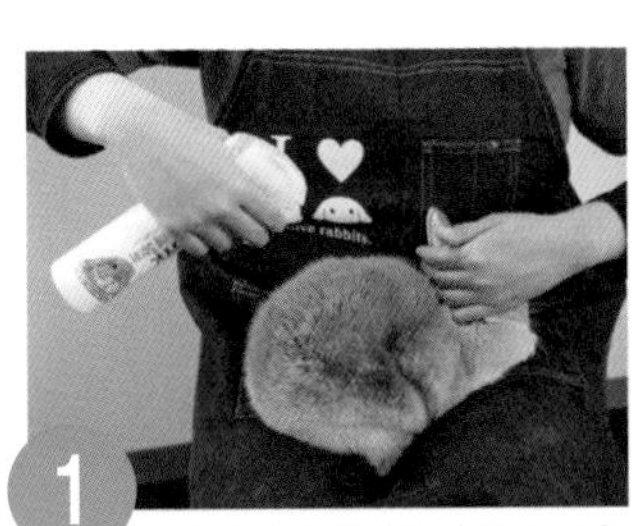

1 左の太ももを少し高くしてネザーランドドワーフの姿勢を安定させ、顔にかからないようにグルーミングスプレーを4～5プッシュ吹きかける

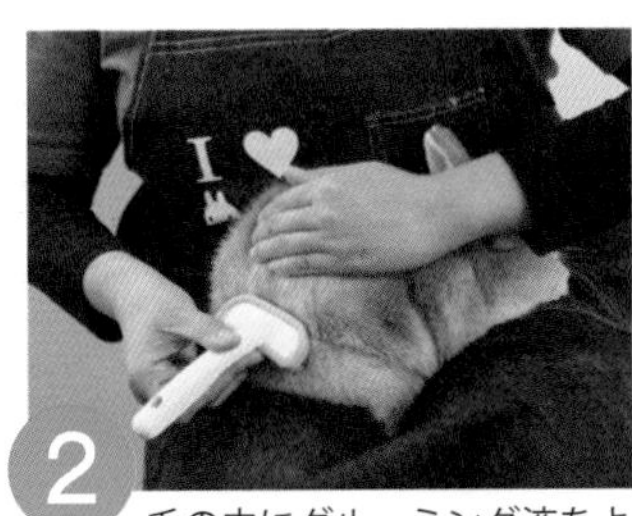

2 毛の中にグルーミング液をよくなじませたら、片手でおさえて毛をかき分けるようにして表面の毛を根元からラバーブラシでなでるようにブラッシングする

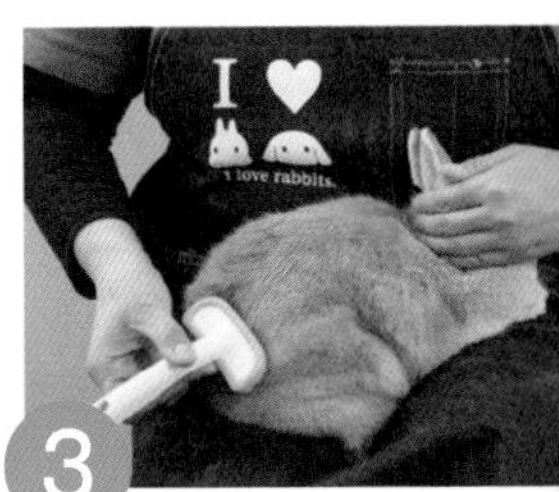

3 体の中心をなでて整える。ラバーブラシは扱いやすく、皮膚を傷つけることなく細かな抜け毛が取れるのが特徴。血行を良くするのでマッサージ効果も期待できる

仕上げブラシできれいな毛並みに

仕上げブラシは写真のように持つ

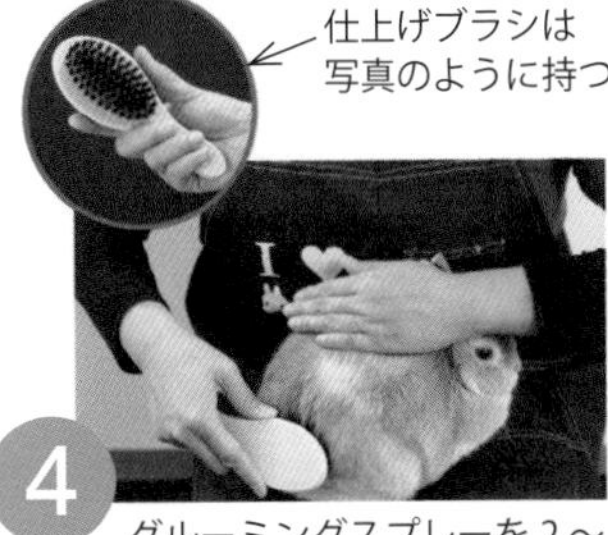

4 グルーミングスプレーを2～3プッシュ吹きかける。表面の毛を指で押さえ根元からブラシでなで、毛の中に空気を入れて乾かす

5 毛の流れに沿って、全体を優しくブラッシングしてツヤを出す

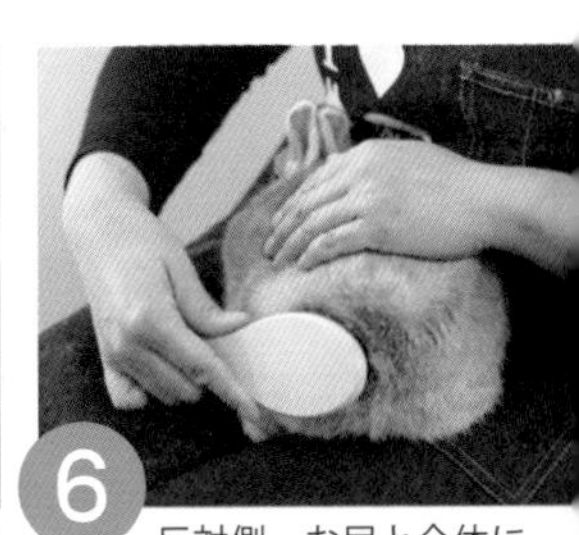

6 反対側、お尻と全体にブラシをかけたら、最後に体の中心をなでて毛並みを整える

ポイント30

信頼関係を深めるしつけ方は叱るタイミングが大事

● ネザーランドドワーフは頭の良い動物なので、してもらいたくない行為に対して飼い主がしつけることができます。

しつけに大切な心得

人間とネザーランドドワーフとがお互いに気持ち良く暮らすためにはルールが必要です。

それがしつけです。しつけに大切な心得が3つあります。

1つ目は、やってはいけない行動をとったときに、その場で叱るということです。

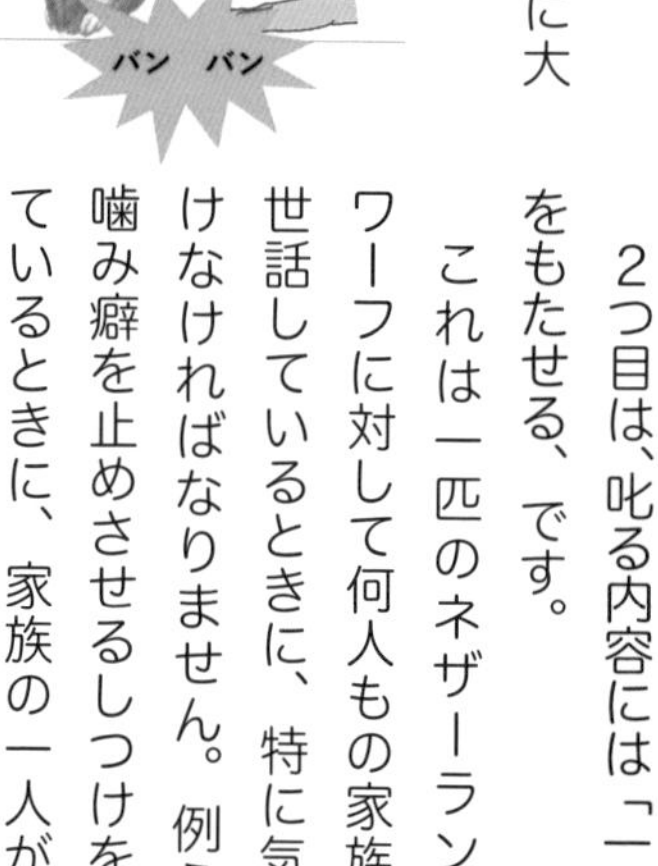

あとで叱ろうと時間をおいてしまうと、ネザーランドドワーフは何で叱られているのかわかりません。タイミングに気をつけましょう。

2つ目は、叱る内容には「一貫性」をもたせる、です。

これは一匹のネザーランドドワーフに対して何人もの家族でお世話しているときに、特に気をつけなければなりません。例えば、噛み癖を止めさせるしつけを行っているときに、家族の一人が噛んだときにおやつを与えるなど、逆のことをやっていると、一向に噛み癖は直らないでしょう。一貫性をもたせることが大事です。

そして3つ目は決して体罰を与えないことです。

頭や鼻を強く叩くなどの体罰は、根本的にネザーランドドワーフと人間との信頼関係を崩しかねません。絶対にやらないでください。

なお、叱るときは、ネザーランドドワーフの近くでバンバンと床を叩きながら目をしっかりと見てやや強い口調で「ダメ！」といいます。同じ行動を繰り返すときは、根気よく飼い主が毅然とした態度で叱ると、そのうちにやらなくなるでしょう。

噛み癖のしつけ

人に噛みついてしまう噛み癖は、飼い主であればすぐに止めさせたい行為です。まずそれには、なぜ噛みついてしまうのか？　その原因を理解することが不可欠です。その理由としては、驚いたり不安や恐怖を感じたり、あるいは痛い思いをしたときや興奮しているときに噛みつくことがあります。また、お腹がすいたとき、遊びたいときの甘噛みが強くなったりすることがあります。

なお、人が噛まれたときにびっくりして手を引いて怖がってしまうのは逆効果です。その場で「ダメ」と強い口調で叱ってください。

トイレのしつけ

ネザーランドドワーフは、決まった場所で排せつ行為をする習性があります。ですから、飼い主はトイレの場所を覚えるまで、うんちやおしっこの付いたティッシュなどをトイレに置くなどして、ここがトイレであることを教えましょう。逆に、トイレではないところで排せつした場合は、その場所にはできるだけ臭いが残らないように小動物用の消臭スプレーなどを使ってきれいに清掃しておきましょう。

なお、しつけを効果的に行うためには、しばらくは上手にトイレができたときには、おやつなどのごほうびをあげると良いです。ただし、その場合は、与える量を管理しながら行いましょう。

抱っこのしつけ

抱っこに慣れてもらうことは大事なことです。しかし抱っこは、うさぎにとって捕まえられることと同じで、本能的に嫌がります。そこで、ふだんの機会としては、ケージから出してあげるときが良いでしょう。抱き上げられた先に遊ぶことができる楽しみがごほうびとなります。最初のうちは、好きなおやつなどのごほうびをあげると効果的です。

ポイント 31

安心感を与える上手な抱き方を習得しよう

●恐怖心を与えることなく安心感を与える、上手な抱き方・持ち上げ方をマスターしましょう。

抱っこの大切さ

ネザーランドドワーフを飼育するうえで、健康管理やブラッシング、ケージの外で遊ばせるときや病院に連れて行くときなど、抱き上げる行為はお互いにとって大事なことです。

無理せず、少しずつ慣れてもらうことが肝心です。抱っこの前段階でもある、ケージから出すときのコツも覚えておきましょう。

抱っこする前にやっておくこと

警戒心を解くために名前を呼んで安心させ、ふだん通りの呼吸でリラックスした状態で行いましょう。ケージから出すときに突然手を伸ばすと警戒してしまいます。いきなり抱き上げようとするのではなく、まずは名前を呼んで、アイコンタクトをしておでこや背中を優しくなでて、気持ちを落ち着かせてから抱き上げるようにしましょう。

安定した状態で抱き上げよう

ネザーランドドワーフを抱き上げたら片手で背中を押さえ、もう一方の手でお尻を支えて、人の体につけるようにして抱っこしましょう。

不安定な抱き上げ方をすると暴れて落下してしまい、歯を折ったり、骨折したりしてしまうこともあるので、しっかり安定した状態で抱っこしましょう。

NGな持ち上げ方

やってはいけない持ち上げ方としては、上から突然つかむような持ち上げ方です。やってしまうと恐怖心を与えてしまうこともあります。小動物全般にいえることでもありますが、猛禽類などの外敵に襲われる際にはそうなるように、突然足が空中に浮くとそれだけで本能的に不安になります。持ち上げるときは前述の方法で、事前に一声かけて持ち上げるようにすると、飼い主とより良い関係ができるでしょう。

抱っこの方法

抱っこの仕方には、基本的な抱っこのほか、あおむけ抱っこなどさまざまな方法がありますが、ここでは一番基本的な抱き方をご紹介します。

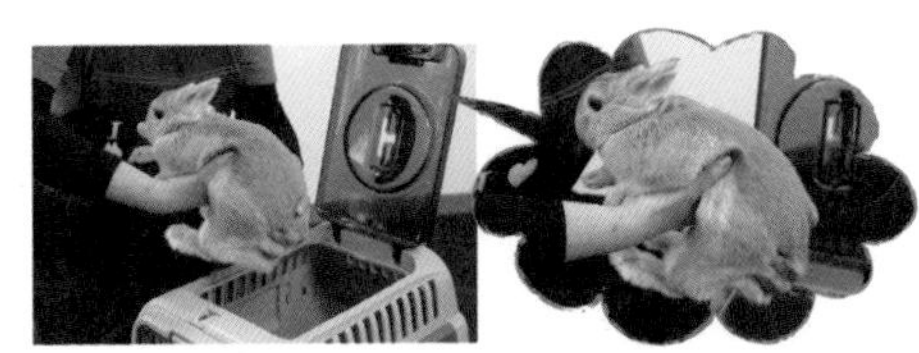

1 名前を呼んで利き手でお腹を支えて、反対側の手でお尻を支えながらケージから出す。
利き手は写真のように前足からお腹をしっかり指で広げて支え、反対の手でお尻を優しく包むようにして安定させる

2 お腹とお尻を支えたままイスに座ってひざの上にのせ、ネザーランドドワーフが動かないように自分の体に密着させる

3 頭をなでるようにして利き手を頭にのせ、反対側の前腕を使いながらお尻を支える。太もものすき間にのせて安定させる

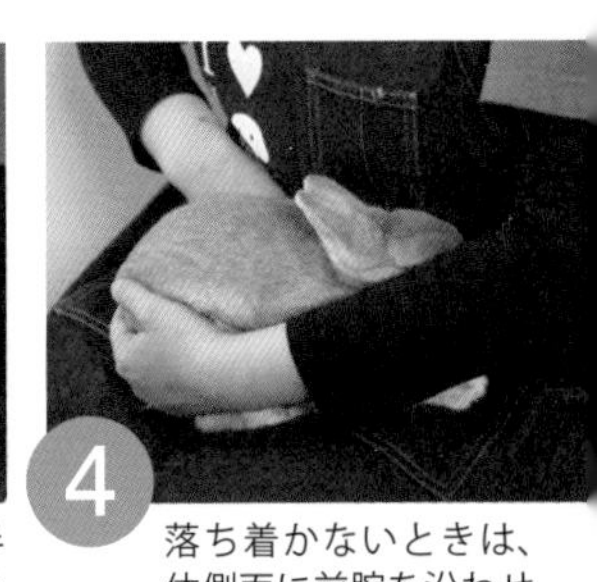

4 落ち着かないときは、体側面に前腕を沿わせて安定させると良い。頭を隠して視界をふさぐと安心しておとなしくなる

ポイント 32

1カ月に1回はケージの丸洗いをしよう

ネザーランドドワーフを病気から守るためにも、定期的にケージの大掃除を行い、生活環境を清潔に保ちましょう。

ケージは1ヵ月に1回、その中のものは週に1回は大掃除しよう

毎日行う清掃（ポイント12）に加えて、1ヵ月に1回はケージの丸洗いと、週に1回はその中の床網、スノコ、トイレ、フード入れ、給水ボトル、おもちゃなどを丸洗いし、殺菌しましょう。それらの用品は、洗った後しっかりと乾燥させるためすぐに使えない場合があります。それぞれ予備があるとすぐに交換でき、ネザーランドドワーフを元のケージに戻すことができるので便利です。

大掃除の方法

大掃除は、ネザーランドドワーフをキャリーバックなどに移動してから始めます。まずケージの中にあるものを全てはずします。お風呂場など濡れてもいい場所でケージ全体をブラシやスポンジなどを使って水洗いします。ケージの金網や陶器の用品は、熱湯をかけて消毒すると万全です。良く洗い流してから水気を切って日光に当てて乾かします。乾燥させた後で除菌用のスプレーをかけておきましょう。給水ボトルは、中までブラシを使ってよく洗浄します。トイレに尿石がついていたら尿石除去剤で落とし水をかけて流します。全てが完全に乾いたら元通り

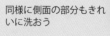

にセッティングしてその子を戻します。

あまり目立たない隙間もチェック

たとえトイレのしつけができているとはいえ、排せつをトイレ以外でしてしまうこともあります。また、換毛期には抜け毛がケージの隙間などに付着していることもあります。そうした細かな部分もよくチェックして清掃しましょう。

Check!

ケージの水洗いの流れ（金網製の場合）

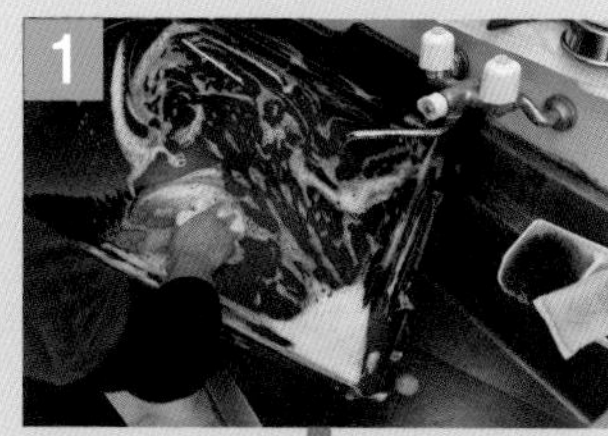

1 ケージを上の網部分と下の受け板部分を離して、下の部分を洗剤をつけて丹念に洗う。特にうんちやおしっこが付着する底の部分をまずはよく洗う

2 特に角は見落としがち。入念に洗おう

3 同様に側面の部分もきれいに洗おう

4 次に、上部の網目の部分も同様に洗剤をつけた布で全体の汚れを落とす

5 洗剤を落としたら乾ぶきして終了

ドアの近くやＴＶなどの近くにはケージを置かないようにしよう

●ネザーランドドワーフが快適に過ごせる環境を整えるためにも、ケージの置き場所を工夫しましょう。

設置する場所の基本

ケージを設置する場所の基本は、飼い主の目が届き、静かで適切な温湿度管理ができる場所です。しかしながらうさぎは、薄明薄暮性（明け方と夕方などに行動が活発になる）のため飼い主がまだ寝ている明け方にうさぎの活動音に悩まされないような場所を選ぶことも大切です。

直射日光があたる窓際には置かないようにしよう

直射日光があたる窓際はケージ内が熱くなりすぎてしまいます。また、外からの風が入りやすく、気候によってケージ内の温度差が激しくなるので、なるべくこの場所にケージを置かないようにしてください。

大きな音が出ているＴＶや音響機器の近くは避けよう

大きな音がするＴＶや電化製品の近くにも置かないようにしてください。聴覚が発達しているネザーランドドワーフにとって騒がしく大きな音は、とてもストレスになります。生活音として聞こえる程度であれば問題はありません。

エアコンの送風が直接当たる場所を避けよう

エアコンの送風が直接当たる場所も体温調整が難しくなるので避けましょう。

ドアの近くに置くのも避けよう

ドアの近くは人の出入り音と外気が入るため、落ち着かない場所であると同時に温度管理もしにくい場所になります。避けたほうが良いでしょう。

小動物がいる場所の近くも避けよう

小鳥、ハムスター、フェレットなどの小動物がいる場所の周辺にケージを置くことも避けましょう。他の動物の臭いや鳴き声はネザーランドドワーフにとってストレスになります。

特にフェレットはもともとうさぎを狩猟対象としていたため、うさぎにとっては天敵になり、近くにいると大きなストレスとなります。必ず違う部屋で飼いましょう。

床から少し高い場所に置く

床は思っている以上に気温の寒暖差があり、歩いたときに埃が舞い上がって振動も響きます。キャスター付きのケージを選ぶか、台を置いて床から20～30㎝の少し高い場所にケージを置くことが望ましいです。

Check!

その他、ケージの設置に不適切な場所

騒がしくない場所だからといって、「寝室」や「廊下」、「玄関」といったふだんあまり目が届かない場所もふさわしくありません。

ネザーランドドワーフは飼い主に慣れてくると、逆に飼い主の存在が近くに感じられない場所に置かれて、放っておかれることにもストレスを感じやすくなります。特に単独飼育の場合はなおさらです。

逆に、静かな場所でよくかまってあげられるからと小学校低学年など年齢の低い子ども部屋に置くのも、場所として適切ではありません。なぜなら、あまりかまいすぎで、ネザーランドドワーフが休息することができなくなったり、無理に抱っこしようとして手から落としてしまうことなどが懸念されるからです。いずれにせよ、安心・安全で、かつ適度にかまってもらえるような飼い主に近い場所（リビングなど）がネザーランドドワーフにとっては快適な場所となります。

飼い主が一時的に世話ができなくなったときの対処法を心得ておこう

一人住まいの飼い主や家族全員が、出張や旅行などで一時的に世話ができなくなるときの対処法を心得ておきましょう。

家での留守番は1泊2日まで

旅行や出張の予定ができて自宅を留守にする際に、ネザーランドドワーフをどうするのかを早めに考えて準備をしましょう。

ネザーランドドワーフを家で留守番させるには、高齢でない健康なネザーランドドワーフが前提となりますが、基本1泊2日までです。飼い主が留守にしている間もエアコンで温度管理がなされていることが必須条件となります。停電やエアコンの故障などのトラブルがあった場合の対応も考えておきましょう。

飼い主が留守にする間、ネザーランドドワーフにとって問題なのは、水やフード、そしてケージ内に落とされた排せつ物などの掃除ができないという衛生面での問題です。さらに、ケージの外で遊びたいという思いが叶わずにストレスを溜めてしまうことです。

1泊2日の留守番の準備

家での留守番では、ネザーランドドワーフに2日分の充分な牧草、ペレットの確保はもちろんです。給水ボトルは複数本取り付けておき、飲み水が不足しないようにします。野菜などそのまま置いておくと傷みやすい副食は、1回で食べ切れる量にしておきましょう。

今は、自動給餌器もあるので利用するのもいいでしょう。また、留守番を見守るカメラで動画を携帯で見ることも可能です。

ペットシッターに来てもらう

留守番の間、自宅でネザーランドドワーフのお世話をしてくれるペットシッターにお願いするという方法もあります。

事前に世話の仕方やその子の性格などをしっかり伝えて、打ち合わせをしてください。うさぎの面倒を見た経験のあるペットシッターが最適です。

家族や友人にお願いする

一人暮らしの人の場合は留守番時に家族に来てもらって、世話をお願いします。その場合も事前に世話の仕方や性格などをしっかり伝えてください。家族や友人のお宅に預かってもらうという法方もあります。その場合は、あまり環境を変えないため温度管理の仕方や食事の量をはじめ注意するべきことなどをメモに書き、渡しておくといいでしょう。緊急のときの連絡先も忘れずに。

なお、家族や友人の家で預かってもらう際に、他の動物がもしいる場合は、一つの部屋に一緒にすることは避け、なるべく離れた場所にケージを置いてもらいましょう。

Check!

ペットホテルに預ける場合の注意点

特にペットホテルに預ける場合は、年齢の制限があることもあるので、事前にしっかりチェックしておきましょう。預かってもらえることが確認できたら、予約したい日が空いているかを確認して予約し、実際に預けるときに予定日数分より多めの食事を持参しましょう。預ける際に注意点がある場合は、必ず担当の人に伝えておいてください。

ただし、ネザーランドドワーフは警戒心が強く臆病な性格で違う環境に慣れることが難しいことや犬猫など他の動物の鳴き声にも大きなストレスを感じてしまうため、なるべく小動物もしくはうさぎ専用ルームがあるペットホテルを探しましょう。

なお、もしもネザーランドドワーフの体調に不安がある場合は、ペットホテルを併設している動物病院に預けると良いでしょう。

春は気温の寒暖差に気をつけよう

●春は、昼夜の寒暖差、梅雨の時期の湿度に注意しましょう。

春は気温の寒暖差に気をつけよう

春は、日中はポカポカと暖かいですが、明け方や夜はまだまだ冷え込んで寒く、昼間と朝晩の気温に寒暖差がある時期です。人間の体感ではとても暖かくなったように感じて温度管理への注意を怠りがちですが、場合によってはヒーターで保温したり暖房を入れたりする必要もあります。特に幼齢、高齢、闘病中などのネザーランドドワーフにとって急激な冷え込みには注意が必要です。

換毛促進をしてあげよう

春は冬毛から夏毛に変わる換毛期です。よくブラッシングをして換毛促進をしてください。

また、抜けた毛はできるだけこまめに掃除して、部屋の中を舞うような状態を避けましょう。

大型連休に家を留守にする場合は

ゴールデンウィークの時期に入ると帰省や旅行で家を留守にする人も多いかもしれません。

しかし、ゴールデンウィークの時期は寒暖差を予想するのが難しい時期でもあります。日中は真夏のような暑さになることがある反面、朝や夜は寒さが残る場合もあるため、うっかりして暑さ対策を忘れないように注意しましょう。

夏は衛生面や温度管理に気をつけよう

夏の暑さや湿度は、ネザーランドドワーフにとって深刻な問題です。熱中症にかからせないために温湿度管理を徹底しましょう。

熱中症に注意

春夏の時期は、室内の温度が最高でも28℃以上にならないように注意しましょう。うさぎは耳や体を伸ばすことで熱を外に逃がして体温調整を行っていますが、特に耳の短いネザーランドドワーフは熱中症には要注意です。

ケージの設置場所の工夫や風通しを良くするなど自然冷却により室温が快適な範囲内（25℃以下）に収まらない場合は、エアコンを使用してケージのある部屋全体の室温を下げましょう。また、さらにケージ内には冷却グッズを置くなど、暑さ対策を行うことがおすすめです。

快適な環境をつくることが大事

ケージ内すべてが暑さ対策でいっぱいになってしまい冷えすぎるのも良くありません。ネザーランドドワーフの体を冷やしすぎないように、エアコンからの送風は直接当たらないように注意し、できればそよ風程度の空気の流れをつくるために扇風機の首振り機能を使ってあげるといいでしょう。

また、暑いと感じたときに涼しい場所へ、寒いと感じたときに寒くない場所へ移動できるようにしておきましょう。いつでもうさぎに自身が自由に快適な場所に移動できるスペースをつくっておくことが大事です。なお、室温とケージ内は温度の差が生じますので、適宜温度を確認するようにしましょう。

湿度にも注意

高温多湿を好まないネザーランドドワーフにとって夏は特に厳しい時期です。

温度だけではなく、湿度にも充分注意が必要です。

湿度が高くなるとケージ内の衛生状態も悪くなり、病気にかかるリスクも高くなります。

掃除をふだんよりこまめに行い、湿度は最高でも70％を超えないように（40～60％の範囲内が適切）、エアコンの除湿機能や除湿機を使ってしっかりと管理しましょう。

水の補給とフードの適切な管理が大事

この時期は、毎日新鮮な水との交換やボトルの水を切らさないように注意して下さい。

また、ペレットや野菜などがカビてしまったり傷んでしまったりしやすいため、冷暗所や冷蔵庫に保管してしっかり管理しましょう。また、野菜などの食べ残しはすぐに捨てるようにしてください。

Check!

室内を暑くしないための工夫

夏の暑い日は、強い陽射しによって室内の温度が上昇し、とてもその場に居られるものではありません。人も動物も熱中症にかかるリスクが高まります。そこで一日中エアコンをかけることになるのですが、工夫次第で、あまりエアコンに頼ることなく涼しい環境をつくる方法をいくつかご紹介します。室内の温度が上昇する原因の70%以上は窓から熱が入ってくるためだといわれています。したがって、まずは窓から熱を入れない事が一番の暑さ対策になります。窓に通気性が確保された遮熱スクリーンやサンシェード等は日射熱を80%以上カットできる場合もあります。昔からあり、陽射しを和らげる「よしず」や「すだれ」などは安価で設置も簡単なことや、ブラインド等と比べても遮熱効果が高いとされているために暑さ対策になります。

さらに、西洋アサガオやユウガオ、フウセンカズラなどのつる性植物を窓際の植物ネット等に絡ませ、葉陰で夏の陽射しを和らげて室温の上昇を抑える「緑のカーテン」は試してみる価値はあるでしょう。見た目もきれいで、しかも、すだれやカーテンなどのように輻射熱（放射熱）が起こらずに葉面からの気化熱で周りの熱を奪って温度を下げる効果があります。

37 秋は冬に向けての保温対策の準備をしよう

● 秋は冬の寒さに向けての準備期間となります。ネザーランドドワーフにとって快適な環境づくりをしてあげましょう。

換毛期の抜け毛を取る

秋から冬にかけて換毛の季節です。夏毛が多く抜け冬毛に換わります。ネザーランドドワーフが自らグルーミングしながら多くの毛を飲み込まないようにブラッシングしてあげましょう。（ポイント29参照）

冬に向けての保温対策

秋は日中と夜とで、寒暖差が激しくなる時期です。季節の変わり目は体調をくずしやすいので、特に早朝の冷え込みと日中の高温に注意してあげましょう。

部屋の温度が23℃を下回ったら、冬に向けての寒さ対策を始めましょう。

エアコンをつけたり床に置く小動物用ペットヒーターやケージの外側から遠赤外線で暖められるヒーターなどを設置して室内の保温対策をしっかりとるようにしましょう。

ペットヒーターは、コードをネザーランドドワーフにかじられないように対策を施されている商品を選ぶことが大切です。

特に幼齢、高齢、闘病中は、急な寒さで命を落とすこともあるため要注意です。

ポイント 38

冬は乾燥と温めすぎに要注意

冬は、暖かな環境をつくることはもちろんのことですが、乾燥や温めすぎに注意しましょう。

なるべく暖かい環境をつくる

　防寒対策として、窓や出入り口の近くの冷気の当たらないない場所でなるべく温かくて温度差があまりない場所にケージを設置するようにしてください。また、冷え込む夜にはケージ全体を毛布やタオルケットなどで覆うことやケージの外側を段ボールやウレタン素材などで囲う、ケージを床に直接置いている場合には温度の低い床から少し高い位置に上げて置くなどは有効な方法です。

　ケージの床に置くタイプのヒーターを使う場合、低温やけどを起こしてしまう危険性があるので必ずヒーターのない部分でその子が休める場所をつくりましょう。またケージの下に敷く小型のホットカーペットを利用する場合も、全面を暖めるのではなく、半面程度か一部を暖めて、その子が快適な場所を自ら選べるようにしましょう。

　石油ストーブやファンヒーターの近くにケージを置くのは、火傷や火災の心配があるので絶対にやめましょう。

　リビングにネザーランドドワーフのケージを置いて一緒に過ごす場合は、人間の適温とネザーランドドワーフの過ごしやすい温度は異なるので、ケージ内の温度を適宜チェックするなどして注意しましょう。

第4章

ふれ合いを楽しもう

～お互いもっと楽しい時間を過ごすためのポイント～

鳴き声から感情を読み取ろう

●飼い主は、どのような感情を持ったときにどのような音のサインを出すのか、その主なサインを知っておきましょう。

実はうさぎには声帯は無く、うさぎが鳴くように聴こえるのは、鼻やのどの奥から音を出しています。そのようにして聴こえる音（鳴き声）の種類によってそのときの感情を読み取ることができます。

嬉しい、楽しいとき

高い音で「プープー」や「ブウブウ」と鳴きます。

リラックスしているとき

小さめの音で「ブーブー」と鳴きます。

寝ようとして リラックスしているとき

高い音で「クゥクゥ」と鳴きます。遊んでいるときではなく、寝ようとしていたりする際に聴かれます。

なにかの催促や要求があるとき

高い音で「ブウブウ」と鳴きます。

不満があるとき

大きめの低い音で「ブウブウ」と鳴きます。

怒っているとき

勢いよく短く低い音で「ブッ」と鳴きます。一緒に足ダンをすることもあります。

痛みや苦しさ、恐怖などを感じているとき

大きな音で「キーキー」、「キューキュー」と鳴きます。ふだんの生活ではあまり聴くことの無い鳴き声で、このサインが聴こえたら注意しましょう。

鳴き声でわかる気持ち・心の状態一覧

鳴き声（発する音）	表わしている気持ち・心の状態
高い音で「ブウブウ」	嬉しい、楽しいとき。または、撫でているときに撫でるのをやめたときには、もっと撫でて欲しいという催促であったり、遊び場の中に飼い主が一緒にいる際に、その場所からどいてほしいときなどにも表現してくることがあります。
高い音で「プープー」	嬉しい、楽しいとき。
小さめの音で「ブーブー」	リラックスしているとき。
高い音で「クゥクゥ」	遊んでいるときではなく、寝ようとしていたり、リラックスしているとき。
大きめの低い音で「ブウブウ」	不満があるとき。
勢いよく短く低い音で「ブッ」	怒っているとき。一緒に足ダンをすることもあります。
大きな音で「キーキー」、「キューキュー」	痛みや苦しさ、恐怖などを感じているとき。ふだんの生活ではあまり聴くことの無い鳴き声で、このサインが聴こえたら注意しましょう。

ポイント 40

よくするしぐさや行動から感情を読み取ろう

ネザーランドドワーフは、しぐさや行動からもその感情を読み取ることができます。その意味を理解して、コミュニケーションをさらに深めましょう。

垂直に又はひねってジャンプする

ジャンプしながらクルクル回ることもあります。テンションが上がっている、機嫌が良いことを表わす行動です。

鼻でつんつん

かまって欲しいときや遊んで欲しいときなど、何かを要求しているときに見られる行動です。

人の手の下に頭を入れてくる

日頃から頭を撫でてあげていると、自ら人の手の下に頭を入れてきます。このようなときは、「撫でてもらいたい」というときのおねだりです。たくさん撫でてあげて、さらに関係を深めましょう。

足ダン（スタンピング）

野生のうさぎは、周辺に天敵が潜んでいるなど、仲間に危険の合図をするときにこの動作が見られます。飼育下では、不満や怒っているときに多く見られます。また、環境中の音や臭いなどにストレスを感じているときにも見られる動作ですので、この動作が見られたら原因を取り除いてあげましょう。

歯ぎしりする

嬉しかったり喜んでいたりすると、コリコリと軽く小さな音の歯ぎしりをします。逆に、大きなゴリゴリという音を立てて歯ぎしりをしている場合には、どこか痛がっているサインです。

さらに、頻繁に歯ぎしりをするようであれば、病気から来る腹部の痛みや奥歯が伸びすぎて不正咬合の可能性もあります。そのような動作が見られるようであれば、なるべく早く動物病院で口の中を診察してもらいましょう。

ブルブルと震える

震えている理由としては、怖がっているか怒っているときが多いです。怒っているときは、足ダンをしながら震えることもあります。また、頭を振ったり、体を横に揺らしたりして震えている場合には、慢性的にストレスを感じているサインであることが多いです。この動作が見られたら原因を取り除いてあげましょう。

ポイント41

室内散歩は落下や異物の飲み込みに注意しよう

●ネザーランドドワーフを室内で散歩（部屋んぽ）させる際の注意点をあらかじめ理解しておきましょう。

部屋んぽはあらかじめ部屋を点検してから

ネザーランドドワーフが、飼い主と新しい環境に慣れてきたらケージの外に出して部屋んぽさせましょう。

飼い主とのいいコミュニケーションの時間にもなりますし、ストレスや運動不足解消にもつながります。

しかし部屋んぽは、危ない場所がないように部屋をきれいに片づけてから行うことが前提です。目を離した隙にネザーランドドワーフが高いところから落下してケガをしたり、かじられたくないものや食べたら危険なものを無くして、飼い主が最後までしっかりと見守ってあげましょう。

部屋んぽの時間の長さ

部屋んぽは1日30分〜1時間ほ

部屋んぽ中によくある危険行為の例

危険行為の例
窓が開いていて、外に出て行ってしまう
狭い隙間に入ってしまう
かじってはいけないものをかじって誤飲してしまう
電気のコードをかじって感電してしまう

どで、飼い主が無理のない時間の範囲内でさせるといいでしょう。できるだけ決まった時間に、できれば毎日させてあげられればベストです。

その子によってケージの外で遊んでいたいと思う時間に差があるので、満足時間はどのくらいかを記録しておくといいでしょう。そうすれば、飼い主にとっても部屋んぽさせる時間の計画が立てやすくなります。

部屋んぽさせるスペースを決める

部屋んぽのスペースは、一つの部屋全てを開放するのか、一部を開放するのかは、それぞれのお家の事情によって決めてください。

うさぎは与えられた環境の中で縄張りを決めて過ごす習性があります。部屋んぽのスペースの中でもうんちやおしっこで臭い付けする縄張り行動や、ものをかじったりすることがあることを理解しておきましょう。もしスペース内でそうした行為が困る場合には、あらかじめ対処する方法を考えておく必要があります。

対策　サークルの中で部屋んぽ

うさぎを安全に部屋んぽさせる方法として、サークルで囲ってその中で遊ばせる方法があります。

特にワンルームのマンションなどに飼い主が住んでいる場合、ネザーランドドワーフを遊ばせる専用スペースの確保が難しいと思います。そのような方におすすめです。

なお、使用するサークルの高さは 50cm 以上あるものがおすすめです。低いと飛び越えて簡単に外に出てしまいます。

飼い主がサークルなどを使ってうさぎの行動範囲を制限することは、縄張りの主張を助長させないことにもつながっていきます。

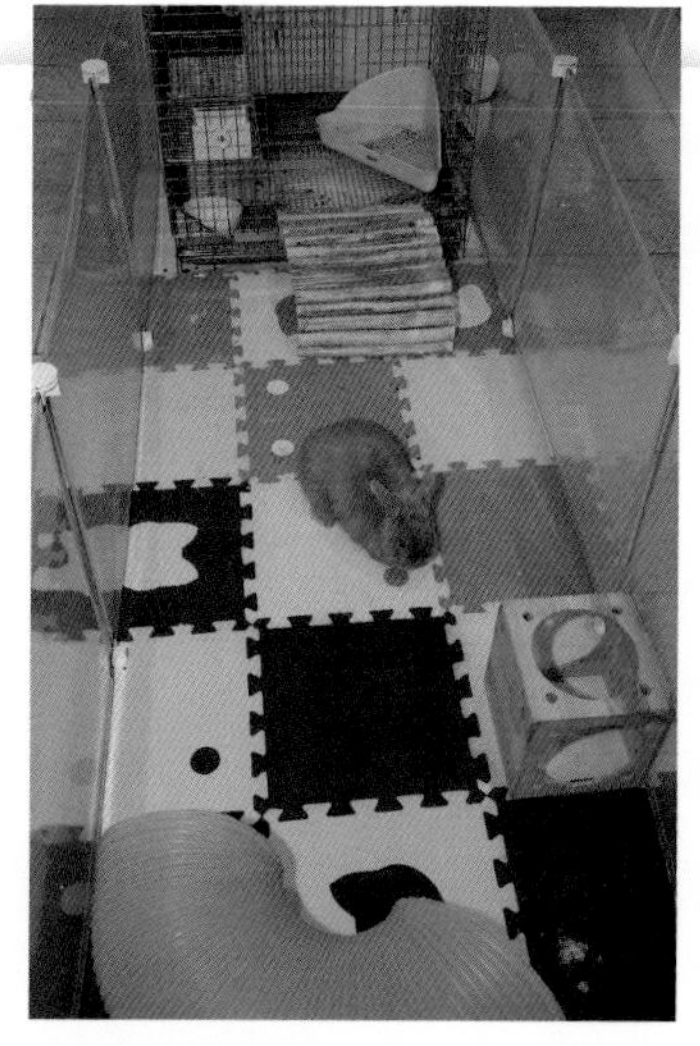

ポイント42

もっと仲良くなれる楽しい一緒の遊び方を知ろう

●本能（習性）を刺激するような遊びの機会を与えながら一緒に楽しみましょう。

ネザーランドドワーフの本能（習性）を刺激する「隠れる」「掘る」「くぐり抜ける」「かじる」「走る」などの遊びはおすすめです。

「隠れる」遊び

巣穴のような狭いところに身を隠すことが大好きです。例えばネザーランドドワーフが入るくらいの紙袋などを置いておくとそこに入ったり出たりして遊びます。ただし、手さげの袋の場合、ひもは誤飲の危険性があるためあらかじめ取り除いてください。

「隠れる」遊び

「掘る」遊び

本能に根付く掘る行為も止められません。例えば、やわらかい座布団や毛布などを与えると、まるで土を掘るかのように夢中でホリホリし始めます。また、自作でダンボールの中に土に見立てたおがくずを用意して、そこに真ん中にネザーランドドワーフが抜けられる大きさの穴を開けた段ボール板の仕切りを入れておくのも楽しい

遊びとなるでしょう。

「彫る」遊び

「くぐり抜ける」遊び

巣穴のような狭いところをくぐり抜ける遊びも本能が刺激されるのでおすすめです。例えば、トンネル型のおもちゃを与えると、出たり入ったり、ときには途中で休憩したりと夢中になれる遊びです。

「くぐり抜ける」遊び

「かじる」遊び

何かをかじりながら遊ぶことも大好きです。かじり木などを与えましょう。なお、その際は、食べても害のない素材のものを選びましょう。

「かじる」遊び

「走る」遊び

走り回ることも大好きです。また、うさぎには、興味を持ったものを鼻でつつく習性があります。その習性を利用して、ボールをつついて転がしながら走る遊びもおすすめです。

「走る」遊び

ポイント 43

野外の散歩は安全対策が大事

●野外で散歩させる必要はありませんが、散歩に連れて行くこともできます。その際に注意すべきことを知っておきましょう。

はじめに

ネザーランドドワーフは犬とは違い、野外散歩させなくても問題ない動物です。ですが、飼い主としては天気が良くて気持ちの良い日には一緒に外に出て散歩したいと思うでしょう。そこで散歩する際の注意すべきことを心得ておきましょう。

散歩の前にしておくこと

散歩にハーネスやリードを付けることは必須です。家の中でそれらを付けることに日頃から慣らしておきましょう。

さまざまな危険性

●食べてはいけないものを口にする

道に落ちているものを口にしてしまう危険性があります。有毒な草花も自然に生えています。また、除草剤や農薬が撒かれている場所もあります。安全な場所の選定は飼い主の責任です。

●害虫の付着

ノミやダニは普通に野外の環境中に存在します。散歩しているうちに被毛に付着してしまうこともあります。家に帰ったら必ずブラッシングをしながら付着していないかを確かめましょう。

●他の動物との接触

犬や猫の遭遇には充分注意しましょう。かまれたりしないように必ず一定の距離を保ち近づけないようにしましょう。飼い主が犬や猫に触った後は必ず手指の消毒を行いましょう。

●ケガをする

足裏に傷をつけてしまうなど、道路や公園などの地表にはガラスなど何が落ちているかわかりません。帰宅後は必ずネザーランドドワーフに傷がないかを確かめましょう。

●熱中症

ネザーランドドワーフは暑さに弱い動物です。したがって気温が上がる春から夏の外出は危険です。気候の良い涼しい季節に限定しましょう。

●体に合ったハーネスリードを使用する

首輪は、スルリと抜け出してしまう危険性があります。突然走り出したときには、首にダメージを受ける心配があります。体に合ったハーネス型のものにしましょう。

●事故に遭遇する

びっくりするとパニックなって走り出してしまうことがあります。道路に面した場所や自転車の多いところは避けましょう。

季節や時間帯

●散歩の季節

暑い夏は、もちろん、寒い冬の日も屋外の散歩は避けます。外出するのであれば気候が比較的穏やかな春や秋の日がベターです。

●外出する時間を考慮

薄明薄暮性という面を考慮すると、活発に行動する早朝や夕方の時間が良いでしょう。

●散歩の場所

河川敷やペット可の公園など、できるだけ安全で足に優しい芝生や土の上を歩かせると良いでしょう。

コラム 2

今や日本はうさぎの飼育環境世界一

飼いうさぎは、現在世界で 150 品種以上、アメリカでは 50 品種あるとされています。本書監修補助の町田さんに、うさぎの魅力や同氏の取り組みなどについてお聞きしました。

有限会社オーグ・うさぎのしっぽ
代表取締役　町田修さん

飼育用品の数々

今日、日本国内で町田さんが関わって市販されている飼育用品としては、うさぎの座ぶとん、トンネルハウス、かまくらハウス、ごろ寝ソファー、リンリンボール（以上「わらっこ倶楽部シリーズ」）をはじめ、うさぎ専用ケージのプロケージ、そのほかにはフードフィーダー、チモシースタンド、OYK グルーミングスプレー、OYK うさぎの納豆菌、キューブハウス、クイックサークル、ほりほりハウスなど、日常の飼育用品からおやつ、栄養補助食品、おもちゃまで多種多様な商品が生み出されてきました。（詳しくは同社ホームページ参照）

「今では、高品質なフードや国産の牧草など食べ物はもちろんのこと、ケージなどの住環境に始まりすべての飼育用品を簡単に揃えることができます。きっと現在、うさぎを取り巻く飼育環境は、日本が一番整っていると思っています」

商品開発例

わらっこ倶楽部　トンネルハウス

OYK うさぎの納豆菌

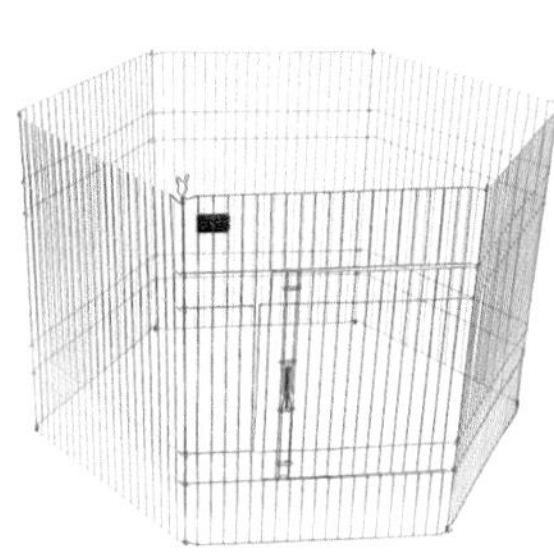

クイックサークル

うさフェスタの開催

町田さんの取り組みでもう一つ力を入れているのが、春秋 2 回の大きな“うさぎだけ”のイベントとして開催する「うさフェスタ」です。このイベントには、飼育用品のメーカーやうさぎをテーマにしている各種クリエーター（作家）を集め、また、専門の獣医師などを招聘して、うさぎの飼育家さんに役立つ情報の提供とうさぎを愛するすべての人の交流を目的にしています。新型コロナの影響で 2020 年からWeb による配信の「Web うさ」となりましたが、2021 年秋にはリアルのうさフェスタが 2 年ぶりに開催されました。

今後の展望

町田さんの今後の展望として、今後もうさぎにとってより良い飼育環境をつくるために、各種生活用品類の提供や開発を続けながら、さらに、「ラビットホッピング」や「クリッカートレーニング」といったうさぎと暮らす人とうさぎとがより深く絆を結べるよう、またうさぎとの生活を通して飼い主さんの生活に潤いや喜びを提案し続け、応援をしていきたいといいます。

第5章

高齢化、健康維持と病気・災害時などへの対処

～大切なネザーランドドワーフを守るポイント～

病気やケガの種類と症状を知っておこう

さまざまな病気やケガがあることが確認されています。何か様子が変だなと思ったら、動物病院で診てもらいましょう。

《目・耳・鼻・口の病気》

角膜炎

角膜は、眼の表面にある透明な組織です。角膜炎は角膜の表面が傷つき、細菌感染などで炎症を起こしてしまうことをいいます。

原因としては、主に干し草などが目に入る、ケンカや衝突、目に小さな異物が入ったときに目をこする、グルーミングの際に自分の爪で傷つけるといったことがあります。

角膜炎の症状・治療

痛みのため目を気にしていたり、目の周囲を触られるのを嫌がります。また、涙や目やにが多く出ます。また、光に過敏に反応し、異常にまぶしがったりします。さらに、炎症が進行すると角膜が白く濁ってくることもあります。

治療は、抗生物質や角膜保護薬などの点眼薬を投与します。目を気にしてこすってしまうようなら、エリザベスカラーを付けることもあります。

角膜炎の予防

飼育環境から、突起のある物やトゲのある物など目を傷つけやすい物を取り除いておきましょう。

白内障

白内障とは目の中の水晶体が白く濁ってしまい、いずれ視力を失う病気のことです。

白内障の症状・治療

はじめは部分的に目が白くなり、だんだんと水晶全体に広がります。

白内障の予防

完全に予防するのは困難ですが、後天的な白内障にならせないためには、栄養バランスの良い食事を与えましょう。また、目が白いことに気づいたら、できるだけ早く動物病院で診察を受けましょう。

耳ダニ症

耳ダニ症とは、うさぎキュウセンヒゼンダニが耳の内側の皮膚表面に寄生して起きる病気です。

耳ダニ症の症状・治療

主に感染動物との接触により感染します。

症状としては、強いかゆみが起こり、しきりに耳を後肢でひっかいたり、頭を頻繁に振ったりするようになります。

治療は、定期的な駆除剤の投与が有効です。駆除剤には、外用、内服、注射があります。

ダニを完全に駆除するまでには、1～2ヵ月を覚悟する必要があります。

耳ダニ症の予防

耳ダニが寄生している個体との接触を避けることが一番の予防です。また、ふだんから耳掃除（ポイント26参照）を定期的に行い、その際に耳垢の色や量、耳の臭いなどをチェックして、早期発見を心がけましょう。

鼻涙管閉塞（びるいかんへいそく）

目は涙で表面を潤わせることで乾燥や細菌から守り、また、酸素や栄養を吸収しています。

このように使われた涙は、通常であれば鼻涙管を通って鼻へ流れていきます。

鼻涙管閉塞とは、この鼻涙管が何らかの原因で詰まってしまう病気をいいます。

鼻涙管閉塞の症状・治療

この病になると、常に涙が出ていたり、目ヤニが出ていたりします。この状態が続くと、眼の下の毛が常に濡れた状態になって涙やけや、目の周りに脱毛症状が見られるようになります。

原因の多くは、歯の咬み合わせが悪くなる不正咬合によるものです。特に臼歯（奥歯）の根元が伸びることで鼻涙管を圧迫し、それによって鼻涙管の閉塞が誘発されます。

治療として、鼻涙管洗浄を行います。涙点（涙を鼻に通す管の入り口）のある下まぶたから細い管を入れて、生理食塩水を流し込んで洗浄します。

細菌感染がある場合には、目薬や内服薬などで抗生剤を投与します。また、歯の不正咬合が原因の場合には、歯に対しても同時に治療を行います。

鼻涙管閉塞の予防

不正咬合が起きないように繊維質の多い一番刈りチモシーなどの牧草をしっかり食べさせるようにしましょう。

スナッフル（くしゃみ）

スナッフルとは、くしゃみや鼻汁を主として副鼻腔炎、気管支炎、肺炎を症状とする呼吸器の病気の俗称をいいます。

飼育されるうさぎによく見られる疾患の一つで、主な原因はパスツレラ菌です。鼻水などで簡単に伝染してしまうため、多数飼育していると集団で発生、蔓延します。そのような症状が見られたら早めに獣医師に相談しましょう。

スナッフルの症状・治療

初期症状としては、透明な鼻水が出たり、頻繁にくしゃみをしたりする様子が見られます。病気が進行すると副鼻腔炎を発症させ、鼻水は粘液性になり、黄色のドロッとした膿性に変わってきます。あまりの不快感から鼻を前肢でこするようになります。重症になると呼吸のたびに「ズーズー」という「スナッフリング・ノイズ」と呼ばれる音が聞こえてきます。

治療法としては、パスツレラ菌が原因である場合には、パスツレラ感染症の治療に準じて抗生物質の投与や症状に合わせた対症療法を行います。また、原因がほかの菌であることも考えられるため、菌を特定するための検査をし、その菌に効く抗菌薬を選択します。

ただし、たとえ症状が改善しても、ストレスや免疫力の低下によって再発の可能性があるために注意が必要です。

スナッフルの予防

体調を整えるための温湿度管理が大切です。予防に適した飼育環境としては、望ましい室温の目安は23℃、湿度は50～60％程度だといわれています。

また、免疫力を低下させないためにも、ストレスには気をつけましょう。特に冬場、温度の低下もストレスになるため、16℃以下にはならないようにします。

日頃の栄養管理もしっかりと行いましょう。さらにトイレの衛生管理が大事です。ケージ内で排せつした尿をそのままにしておくと、アンモニアが呼吸器の粘膜を刺激し、細菌感染が起きやすくなります。

不正咬合（ふせいこうごう）

不正咬合とは歯がすり減らず、歯の噛み合わせが悪くなる状態のことです。

野生のうさぎは、硬い繊維質の食べ物を噛み切ったりすり潰したりして、時間をかけて咀嚼します。そのため、歯がすり減らないように歯が伸びるようになっています。

しかし、飼育下のうさぎは野生と比べて歯を使う機会が減ります。そうすると、歯が伸びることと減ることのバランスが崩れて不正咬合になりやすくなります。また、何かの要求を飼い主に伝えるために、ケージの金網かじりをする行為も不正咬合の原因になります。

特にネザーランドドワーフは、丸顔で頭も小さく品種改良されたため、不正咬合になりやすいため注意しましょう。

不正咬合の症状・治療

固いものが食べられなくなり、食欲が減り、体重も減ります。□

が閉まらなくなるので頻繁によだれを垂らし、いつも顎の下の毛が濡れている状態になります。

進行すると痛みなどによるストレスやフードを充分に食べられなくなることから胃腸の動きが悪くなり、「胃腸うっ滞」（P110）や「鼓脹症」（P111）を起こすこともあります。また、上の臼歯の歯根が伸びると鼻涙管が圧迫されたり塞がれたりして起きる「鼻涙管狭窄」や「鼻涙管狭窄閉塞」（P105）を発症したり、眼球が飛び出したりします。

治療は、動物病院に行って歯を削ってもらい、長さや向きを適切に整えてもらってください。不正咬合になったら、その後も定期的に動物病院で検査し、歯を削ってもらう必要があります。

不正咬合の予防

ふだんから繊維質の多い牧草をしっかりと食べさせるようにしましょう。特に1番刈りチモシーは繊維質が多く、硬さもあるので歯をすり減らすのに適しています。

また、不正咬合の原因となるケージの金網かじりをする子には、かじり木や木製の柵をケージに取り付けるなどして、金網をかじらせないように工夫しましょう。

《消化器系の病気》

軟便・下痢

盲腸糞と思っているものが、実は軟便だったり、下痢をしたりといったことがあります。

軟便や下痢になる原因はさまざまです。主な原因を挙げるとすれば、食事によるもの、病気によるもの、ストレスによるもの、ウイルスや寄生虫の感染によるものなどがあります。

ストレスによるものとしては、飼育環境の急な変化があります。そのことに伴うストレスが自律神経に影響して腸の正常な働きを阻害するために起こります。

ウイルスや寄生虫によるものとしては、レオウイルスやロタウイルスなどのウイルスや、コクシジウムという寄生虫があります。

軟便・下痢の症状・治療

軟便、下痢便、ひどくなると水のような便をしたり、血が混じっ

ていたりする場合があります。痛みがあるためにじっと丸まっていたり、総排泄孔の周囲が便で汚れていたり、体重の減少や脱水が見られたりします。

1日~2日で治らないようなら動物病院に行きましょう。ただし、血が混じった下痢や激しい下痢、頻繁に下痢をする場合は早急に獣医師に診察してもらいましょう。

なお、下痢を引き起こす前には水気のある軟便を出すことが多く、このような状態になったらうんちが新鮮な状態のときにラップに包み動物病院に持って行くようにしましょう。

下痢の原因が何なのか動物病院で特定してもらい、点滴や細菌感染なら抗生物質、寄生虫なら駆虫剤を使用して治療します。

軟便・下痢の予防

ストレスを感じさせない暮らしを心がけ、適切な環境で適切な食事を与えることが、軟便や下痢を起こさせない飼育の基本となります。また、食べ残しを放置しないことやケージの掃除など衛生面の管理も徹底して行いましょう。

毛球症

うさぎはグルーミングのときに自らの体毛を飲み込みます。しかし、イヌやネコとは違って吐き出すことができません。高いストレスを抱えていたり、繊維質の摂取が少ないと、胃の中でその塊ができて胃の消化活動を阻害します。これが毛球症です。

毛球症の症状・治療

症状としては食欲不振になり、水しか飲まなくなるので体重が減り、衰弱していきます。

また、便も少なくなり、腹部が極度に膨らみ、ショックで気を失ってしまう状態にもなります。

腸が完全に詰まっていない場合は消化管運動を刺激させる薬剤や毛球除去剤の投薬をします。

毛球症の予防

繊維質が高い食事を与え、ふだんから充分な運動をさせるようにしてください。

また、ストレスがたまらないようにするのが大事です。かじり木などのおもちゃを増やして、室内の温湿度管理もしっかり行うようにしましょう。

胃腸うっ滞

胃腸うっ滞とは、何らかの原因で胃腸の動きが停滞することで、飲み込んだ体毛や異物、食べ物などが消化できずに詰まったり、ガスなどが溜まることをいいます。

なお、胃腸うっ滞に関連する消化器系等（栄養性や精神的ストレスも含まれる）の併発病態をまとめて「うさぎ消化器症候群（RGIS／Rabbit Gastrointestinal Syndrome）ともいいます。

胃腸うっ滞の症状・治療

症状としては、食欲不振や便秘、元気がない、うんちが出ない、うんちに異常がある（小さかったり、少なかったり、粘膜が付いていたりするなど）、また、お腹を触られるのを嫌がったり、うずくまって歯ぎしりをしていたりする様子が見られます。

治療法は症状によって異なります。胃や腸が完全に詰まっていない場合は、詰まっているものを流すため、水分補給を行ったうえで消化管運動を刺激させる薬剤や鎮痛剤を投与します。完全に閉塞している場合は全身麻酔で切開手術を行って治療します。

胃腸うっ滞の予防

この病気の原因となるのは、主に繊維質摂取不足と免疫力の低下、異物の摂取などです。

したがって、日頃から胃腸を動かしたり、腸内細菌を正常に保ったりするためにも牧草を多く食べさせることです。また水分をしっかり摂らせることも大切です。通常、飲み込んだ体毛は、繊維質と水分を充分に摂取していれば、胃の中で塊になることなく排せつされます。さらに、運動や適度な刺激を与えることも大事です。エネルギーを消費させることで食欲も増します。一日一回でも、ケージから出して運動できる時間をつくりましょう。また、飼い主が声をかけたり、一緒に遊んだり、抱っこするなどしてふだんから適度な刺激を与え、些細なことで大きなストレスを感じないように慣らしておくことも大切です。また、ふだんから健康管理のためにお腹を触って異常が無いかをチェックしましょう。

鼓脹症

お腹の中の主に盲腸にガスが溜まってしまう病気です。腸管の動き（ぜん動運動といいます）が低下することによって、盲腸便秘を起こしたり、盲腸内の異常発酵がもととなってガスが溜まり、鼓脹症をしばしば起こすことがあります。

鼓脹症の症状・治療

元気が無くなったり、呼吸が荒くなったり、腹部が膨れてきたりします。また、食欲が無くなり、食餌の量が低下したり、全く食べなくなったりします。便の減少または排便が見られなくなるなどの症状が見られます。

治療には消化管をなるべく動かすような処置を行います。具体的には、消化機能改善剤、食欲増進剤などを投与したり、盲腸内の善玉菌（正常な腸内細菌叢）の乱れが疑われるときには抗生物質を使って細菌叢をうまくコントロールしたり、場合によっては点滴を行って水分や電解質を補ったり、擦りおろし野菜やヨーグルトなどの強制給餌などを行います。

鼓脹症の予防

歯の病気や胃の病気、食物線維の摂取不足、高蛋白質、高カロリーなフードの多給、ストレスなどさまざまな原因によって、消化管のぜん動の動きが低下することに起因しています。

したがって、歯や胃に疾患が無いかを把握し、日頃からなるべく高線維質なフード（例えばワラや乾草、牧草など）を与え、炭水化物の食品（ビスケットなど）は与えないようにしましょう。また飼育環境を整え、ストレスを与えないよう心がけましょう。

便秘

繊維質の摂取が足りない食事内容であったり、水分が足りていなかったり、運動不足やストレス、胃腸系の疾患などが原因となって便秘をすることがあります。

便秘の症状・治療

症状としては、ふだんよりも便の量が少なかったり、水分の少ない便であったり、排便をしていないことが見られます。また、排便するときに力んでいたり、痛みで鳴き声を上げるといった様子が見られることもあります。

便秘の予防

栄養バランスのよい食事を与えましょう。また、適度に遊んで運動をさせてあげることも大事です。さらに、給水ボトルから水が飲めているかを見るため、毎日減った水の量のチェックもしておきましょう。

《その他病気・ケガ等》

尿路結石（尿石症）

尿路結石（尿石症）とは、尿に含まれるリン、カルシウム、マグネシウムなどのミネラル成分が結晶化することによってさまざまな症状を引き起こす病気です。結石ができた部位によって「腎結石」、「膀胱結石」、「尿道結石」、「尿管結石」などと呼ばれます。

結石ができる原因については詳しく解明されてはいませんが、不適切な食餌、飲水量の減少、細菌の尿路感染などが原因であると考えられています。

尿路結石（尿石症）の症状・治療

結石のある部位によって症状はさまざまですが、頻尿になり、排尿時に苦痛のあまり背中をまるめたり、血尿が出たり、発熱や痛みのために食欲不振や歯ぎしりをする様子などが見られます。

治療法としては、結石を超音波で破砕したり、尿道内に結石がある場合にはカテーテルを尿道に挿入したりする処置などがあります。なお、尿石の大きさや位置によっては外科手術によって摘出する場合もあります。また、そのほかに血尿や細菌による尿路感染が認められる場合には、止血剤や抗生物質の投与などの対症療法を併せて行います。

尿路結石（尿石症）の予防

主な原因としては、カルシウム成分を多く含むフードの与えすぎと水分の摂取不足が考えられます。カルシウム成分を多く含む牧草（特にアルファルファ）やペレットなどを控えるようにしましょう。特に日常的に乾燥した干草やペレットを食べているのであれば、常に新鮮な水と水分の多い野菜などを一緒に与えるようにしましょう。

また、日頃から尿の色や回数などをよく観察し、疑われる症状があったらすぐに獣医師に診てもらいましょう。

ソアホック

ソアホックとはうさぎの足裏に発症する皮膚炎のことをいいます。肥満や運動不足、高温多湿な不衛生な環境や不適切な環境で飼育していると、この病気になるリスクが高まります。

ソアホックの症状・治療

足裏、かかとが脱毛してタコのような状態になっていたり、炎症や化膿を起こし、膿瘍（膿の固まり）が形成されていたりします。また、それが関節にまで及ぶとうまく歩けなくなってしまいます。

治療には、局所の消毒や全身的な抗生物質の投与、包帯などの処置を行います。

またそれと同時に飼育環境をもう一度見直し、衛生的に管理し、床を柔らかい素材のものを敷くようにします。疑いがある場合は、ひどくならないうちに早めに診察を受けましょう。

ソアホックの予防

常日頃から掃除を行い、しっかりと衛生管理をします。また、定期的な爪切りが必要です。

爪が伸びていることが原因で皮膚が傷ついてソアホックになりやすくなることがあります。

日頃から爪をチェックし、必要に応じてうさぎ用の爪切りで伸びた部分をカットしましょう。

さらに、大きな音を出さないように注意することや、室温と湿度を適正に調整するなどして、なるべく個体にストレスを溜めない環境をつくってあげることが重要です。

ストレスが溜まると「スタンピング」という足蹴りをすることがあり、足に大きな負担がかかりますので、くれぐれも注意しましょう。

そのほかには、床材には、固い素材のものを用いるのではなく、牧草を厚めに敷き詰めたり、足との摩擦が少ないスノコを用いたりすると良いでしょう。

卵巣子宮疾患

女の子のうさぎには卵巣子宮疾患の発生が多く知られています。卵巣子宮疾患には、卵巣腫瘍、子宮蓄膿症、子宮水腫、子宮がんなどがあります。

卵巣子宮疾患の症状・治療

病気の初期の段階では無症状のことも多く、攻撃性が高まるといった行動変化が見られることもあります。また、元気がなくなったり、腹部や乳腺（子宮疾患が原因で乳腺に異常が出る）が張ってきたり、陰部から膿や鮮血、血尿が出ることもあります。

いずれの卵巣子宮疾患も3歳齢以上の中高齢期に多く見られます。

卵巣子宮疾患になってしまった場合は、外科的に卵巣子宮を摘出する手術が確実です。

全身麻酔をかけての手術ですのでネザーランドドワーフに詳しい獣医師と充分に相談しましょう。

卵巣子宮疾患の予防

飼育しているネザーランドドワーフを繁殖させる予定が無いのであれば、避妊手術を行うと良いでしょう。なお、そのことによって攻撃性が減少したり、極端な求愛行動を弱めたり、トイレのトレーニングがスムーズになることが知られています。

脱臼・骨折

うさぎの骨はとても軽くできています。骨を少しでも軽くして、素早く逃げたりするのに都合が良いつくりになっています。

したがって同じ体重のイヌやネコと比べても骨がとても弱く、また損傷すると治りにくい傾向にあります。

うさぎは神経質な一面があり、驚いたりするとパニックを起こし突発的に動くので、そのときにどこかにぶつけてしまったり、人がつかまえようとするときに思わず力が強くかかったり、うっかり踏んでしまったりすると、簡単に脱臼や骨折を起こしてしまいます。

それらが起きやすい部位としては、後肢（頸骨や大腿骨）や脊椎（腰椎など）です。

脊椎を痛めると下半身不随になることもあるため、飼い主は充分に気をつけましょう。

脱臼・骨折の症状・治療

足を引きずる、足をかばう、足が下につかないようにしている、などの様子があったら脱臼か骨折が疑われます。症状が軽い場合は運動を中止して安静にして直す方法があります。

ただし、状態によってはギプスを使って患部を外部から固定したり、外科的に金属を埋め込んだりして治療することもあります。

状態の判断は獣医師でないとわからないことも多いため、脱臼や骨折が疑われる場合は、ただちに動物病院に行って診察してもらってください。

脱臼・骨折の予防

脱臼、骨折の原因としてもっとも多いのは、抱っこの失敗で高いところから落ちてしまうことがあります。また飼育ケージ内でのトラブルでも多くみられます。ふだんからケージ内を点検し、足を引っかけそうなところ、落下するようなところがないかなどを確認しましょう。また、うさぎはもともと立体活動を行わない動物で、高さに対する恐怖心がほとんど無いため、部屋んぽ（室内散歩）などでは高くて危ない場所はないか確認しておくといいでしょう。特に幼齢、高齢、闘病中などのネザーランドドワーフが高い場所から落下することがないように気を配るようにしてください。

熱中症

外気温が30℃を超えるような日は、室温を調整してあげる必要があります。

特に幼齢、高齢、闘病中、肥満や妊娠中、過密飼育の状態にある個体では、温度や湿度が高く、密閉された風通しの悪い場所では熱中症になる可能性があります。

熱中症の症状と治療

通常は38・5～40℃の体温が40・5℃以上になっています。目に見える症状としては、よろよろ歩く、呼吸が荒く口で呼吸する、耳の抹消血管が充血して赤くなる、鼻や口の周りがびっしょりと濡れる、ぐったり横たわって動かない、けいれんを起こす、出血性の下痢や血尿がある、などがあります。

仮にその場で回復した場合でも、点滴治療が必要なこともあるため、熱中症の疑いがある場合は、ただちに動物病院に行ってください。

このとき、早急に涼しい場所に移して耳やあごの下を冷やし、水で濡らしたタオルなどで全身を包んであげましょう。また、水が飲める状態であれば、薄めたスポーツドリンクなどを飲ませてあげてください。病院まで運ぶキャリーケースにはタオルで包んだ保冷剤を入れるといいでしょう。

症状が重い場合、獣医師がただちに処置をしても、血液の凝固異常や急性腎不全、脳障害、全身の多臓器不全などで命を落としてしまうことがあります。また、幸い命を落とさずに済んだとしても神経症状や腎不全など、致命的な後遺症が残ることもあります。

熱中症の予防

室内の温湿度管理をふだんからしっかりと行い、ケージを直射日光が当たる場所に置かないようにしましょう。

特に夏の時期、エアコンは、室温26～27℃を目安に、湿度は70％以下を保つように24時間ずっとつけておいてあげましょう。また、室内の空気を循環させるために、エアコンと扇風機を併用すると効果的です。

ケージの上や下に保冷剤を置くというのも有効です。ただし、下に敷く場合は、冷たくなりすぎることがあるので必ず逃げ場をつくりましょう。また、新鮮な水を切らすことなく常に飲めるようにしてあげましょう。そのほかには、暑い時間帯の移動は避けることや、長時間の抱っこは控えましょう。

切り傷、かみ傷などのケガ

ケガの多くはケンカが原因です。また、他の動物にかまれたり、自らの切歯で傷ついたりすることもあります。

多数飼育で同居しているネザーランドドワーフ同士の相性が悪い場合にケンカが起こります。

単独飼育の場合も室内散歩中やケージにいるときに、不意にケガをする場合もあるので注意しましょう。

ケガの症状・治療

出血や傷、腫れができている部分を触ると痛がります。

出血が少ない場合は、ガーゼや包帯で止血をしましょう。

しかし、最初はわずかな傷でも傷の悪化につながることもあるため、動物病院に行って診察してもらうことをおすすめします。

ケガの予防

ケンカが始まったらすぐに個体同士を離すようにしましょう。一方を別のケージに移してください。

また、室内散歩をさせるときに危ないものが置いていないか、ケージにケガの原因になりそうなものがないかなどをふだんからチェックしておきましょう。

病院で診察を受ける前の準備

ネザーランドドワーフの様子がいつもと違い、おかしいと思ったらまず病院に電話をして様子を伝え、可能であれば写真や動画を撮影し獣医師に見せましょう。またそのとき、うんちやおしっこを採取して持って行くといいでしょう。やりとりがスムーズになります。

写真や動画は診察室で探すようなことにならないように、すぐに見せられる場所に保管しておきます。また、診察室に入ると慌ててしまって、症状や伝えたいことが充分に話せないこともあるため、不安に思っていることや気になることを事前にメモにまとめておきましょう。そして、最も診察して欲しいことを明確に説明できるようにしておいてください。また、獣医師の説明も大事なことはメモをとるようにしましょう。

ポイント45

病気やケガをしたときには、温湿度管理・衛生面への配慮が最優先

●日頃から細心の注意をしていたのにもかかわらず病気やケガすることもあります。そのようなときの対処法を知っておきましょう。

温湿度管理に充分注意

病気になると、たいていは健康なときよりも体温が下がってしまいます。そのため、いつも以上に温湿度管理に注意してください。

夏の暑さ、冬の寒さ対策をしっかり行い、夏は陽ざしで急に室内温度が上がってしまうことはないか、冬は冷たい隙間風が入ってくる場所がないかなどに気を配りましょう。

過ごしやすいように工夫しよう

排せつ物を片付けていないなど、ケージ内が汚れたままの状態にしておくと他の病気を引き起こしてしまう可能性があります。ケージ内を清潔に保ち、その子が少しでも快適に過ごせるように配慮しましょう。また、ケージを飼い主が観察しやすく、コミュニケーションが取りやすい場所に置くなど工夫をしましょう。

安静第一で、ただちに動物病院へ

病気になったら、まずは安静にすることが第一です。その子がしっかり休めるようにすることは大事ですが、少し様子を見ようというのは禁物です。症状が悪化しないうちにただちに動物病院へ行きましょう。

ポイント 46

動物病院を受診する際には運び方に注意しよう

● いざ病院に連れて行こうとするとき注意すべきことがあります。あらかじめ知っておきましょう。

キャリーで連れて行く際の注意点

動物病院に連れて行くときは、小型のキャリーを使用します。移動する際には、振動が少ないようにするなど、できるだけネザーランドドワーフの体に負担がかからないように工夫をしてください。

ネザーランドドワーフのストレスを軽減させるために、キャリーにカバーをつけたりバッグに入れたりして落ち着けるようにしてあげましょう。

また、病院に行くことに備えて、事前にキャリーバックに慣れさせておくことは大切です。ふだんからキャリーバックの中でおやつを食べさせるなど練習しておくと良いでしょう。

外出時の気温などに注意

体が弱っているときには特に温度管理に気を配り、緊急の場合を除いて夏は午前中や夕方など涼しい時間帯を選んで移動してください。冬は日が出ている時間帯が安心です。

そして、夏にはタオルで包んだ保冷剤を、冬には使い捨てカイロを入れてあげるといいでしょう。

ポイント47

信頼できる動物病院で定期的に健診を受けておこう

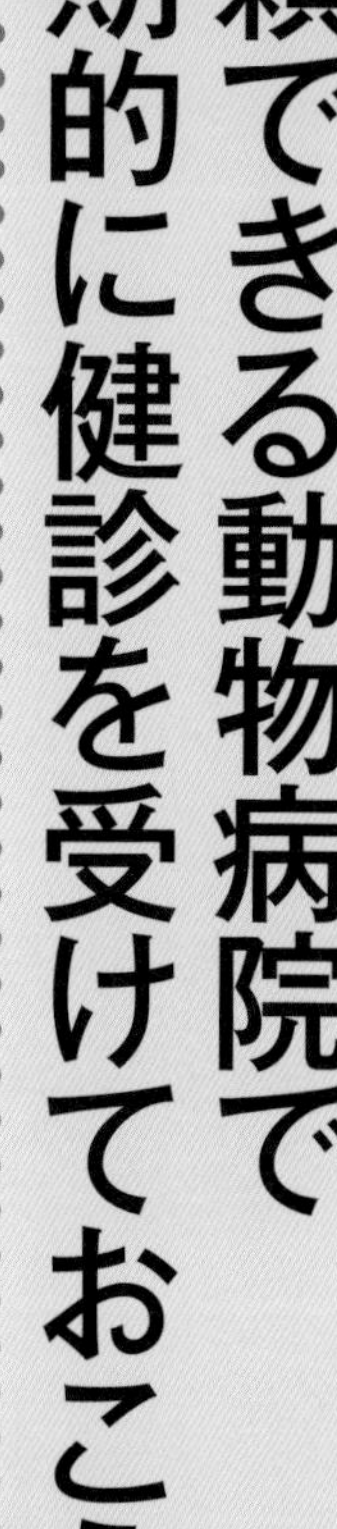

突発的な病気やケガに備えて、事前に通える動物病院を知り、定期的に健診を受けておきましょう。

ネザーランドドワーフはエキゾチックアニマル

ネザーランドドワーフはエキゾチックアニマルとして分類されます。エキゾチックアニマルとは、簡単にいうと犬や猫、豚、牛、トリなどの産業動物以外の動物全般のことを指し、うさぎやハムスター、亀、インコ、デグー、チンチラ、フクロモモンガなどの動物のことをいいます。ネザーランドドワーフもエキゾチックアニマルです。

動物病院によっては、犬猫のみを診療しているところも多いので、必ずうさぎを診療している動物病院を探してネザーランドドワーフを連れて行きましょう。

また、該当する病院を見つけたら、念のために事前に病院に電話してネザーランドドワーフを診察してもらえるのかどうかや病気の症状を伝えて確認しておくといいでしょう。

ネザーランドドワーフを飼っている人に相談

ネザーランドドワーフをすでに飼育している人に、おすすめの動物病院やかかりつけの動物病院を聞くのもいいでしょう。

動物病院の雰囲気や対応、担当の先生の特徴など事前に有益な情報を収集できます。

インターネットで探す

インターネットで「うさぎ」もしくは「ネザーランドドワーフ」、「動物病院（地域名）」「エキゾチックアニマル　動物病院（地域名）」と入力し、家の近くにあるネザーランドドワーフを診療してくれる動物病院を検索しましょう。

動物病院のホームページには、住所や電話番号、受付時間、病院の特徴、診療してもらえる動物についての情報が記載されています。

動物病院のホームページからはさまざまな必要情報が得られる

ペットショップや里親を募集した人に聞く

飼育しているネザーランドドワーフをお迎えしたペットショップやブリーダー、里親を募集した人にネザーランドドワーフを診療できるおすすめの動物病院を聞くのもいいでしょう。

同時に、夜間などの緊急時にも対応してもらえる病院を聞いておくと、何かあったときも慌てずスムーズな対応ができます。

対策
定期的に健康診断を受けよう

かかりつけの動物病院を決めたら、病気予防や健康維持のためにも、年に一度は健康診断を受けることをおすすめします。

健康診断には、ポイント18で紹介した日々の健康記録を持って行くといいでしょう。

健康診断では検便や触診、視診、歯の診察、腫れがないかなどを確認し、必要な場合はレントゲンや血液検査をすることもあります。

高齢になったら健康診断に行く回数を増やしましょう。

また、健康診断に行くことによって、獣医師に日頃から気になっていることや悩みを質問したり相談したりすることができます。

そうすると獣医師との信頼関係ができて、いざとなったときにも、かかりつけの獣医師のもとで納得ができる治療を受けられます。

ポイント48

できるかぎりストレスフリーな生活環境を整えよう

人と同じで、さまざまな機能が衰えていきます。
特にこの時期を迎えるネザーランドドワーフには、若いネザーランドドワーフ以上に手をかけてあげましょう。

ストレスフリーな生活を

前述のとおり、7歳あたりから老年期、シニアと呼ばれる年齢になります。シニアのネザーランドドワーフを飼育する上で最も大切なことはストレスをなるべく感じさせないことです。

温湿度管理はもとより、飼育しているネザーランドドワーフの年齢に合った食事、運動量を見直して、できるかぎりストレスフリーな生活が送れるように工夫してください。

また、次に説明するケージのレイアウトや食事内容を変更するとき、高齢の場合は急な変化にストレスを感じやすいので、必要であれば少しずつ行うようにしましょう。

ケージ内の配慮

給水ボトルやフード入れ皿は、

ネザーランドドワーフが楽に届く位置や場所に付けましょう。

トイレは、場所が習慣となっているため、そのままの位置にしておくことが望ましいです。

ケージの出入口は段差があるため、スロープをつけてあげると良いでしょう。（ポイント8〈シニア期の配置例〉参照）

食事の工夫

歯で噛んで食べることが難しい場合や病気のときは、いつものドライフードをふやかしたり、柔らかいフードを与えたりしましょう。それらをまったく食べなくなったときは、粉末にして水で溶かした流動食を与える方法もあります。

ネザーランドドワーフが食べられなくなったら

自分でフードを食べられなくなってしまった場合は、飼い主の手でフードを与えましょう。

その際、主食の牧草（主にチモシー）もペレットも口にしなくなってしまった場合、飼い主が強制給餌で、何か食べられるものを食べさせてあげることが大事です。うさぎ用の強制給餌用のフードは、専門店などで手に入ります。また、その子が特に好きな食べ物をミルサーで流動食にして与えるのも一つの手です。

ポイント49

避難生活に必要なアイテム・ルートなどの準備は必須

いつなんどき襲ってくるかわからない自然災害。
大切なネザーランドドワーフを守るために防災対策をしておきましょう。

飼い主が自発的にネザーランドドワーフを守ろう

日本は他の国に比べて地震や台風などの災害が多い国です。

災害時に備えて、ネザーランドドワーフと避難する方法を知っておきましょう。

まずは、事前に自分が住んでいる地域の避難場所を確認し、避難経路をチェックします。

そして、人とネザーランドドワーフの避難グッズを用意してください。ネザーランドドワーフの避難グッズは最低でも1週間ほど用意しておくことをおすすめします。

ネザーランドドワーフが好きな食べ物を把握しておこう

ネザーランドドワーフは、ストレスでまったく食べ物を食べなく

なってしまうこともあります。

そうならないように、日頃からネザーランドドワーフの好物をできるだけたくさん把握しておき、災害時には好物を与えて、しっかりと食事ができるようにしましょう。

日頃から防災訓練を行おう

災害に備えて、日頃から何分でネザーランドドワーフをキャリーに入れられて何分で家を出られるのか時間を測って、防災訓練を行うのもいいでしょう。

緊急時にネザーランドドワーフを動物病院に連れて行くときの練習にもなりますし、いざというときにも慌てずに行動できるかもしれません。

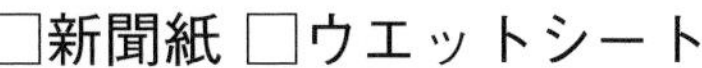

対策

避難時の持ち物

すぐに持ち出せるように、以下の避難グッズを事前に用意しておくと、万が一のときでも安心です。

- □持ち出し用のキャリー
- □給水ボトル □ビニール袋
- □タオル □飼育日記
- □食料(約1週間分)
- □飲み水 □ペットシーツ
- □毛球除去剤
- □使い捨て手袋
- □使い捨てカイロ、もしくは保冷剤（季節に合わせて）
- □新聞紙 □ウエットシート
- □動物病院の診察券

また、SNSなどでネザーランドドワーフの飼い主同士で連絡を取り合い、随時情報交換を行うといいでしょう。

ポイント50

お別れのあとをどのように弔うかを決めておこう

● 命の終わりは必ず来ます。その日を迎えるときのために、飼い主が心得ておくことがあります。

感謝の気持ちでさよならを

とても悲しいことですが、いつかは可愛いネザーランドドワーフとさよならをいわなければいけない日が訪れます。

愛する子が旅立つ日まで、後悔のないように愛情を持って接し、最後は感謝の気持ちを持って温かく見送りましょう。

ネザーランドドワーフも、天国から飼い主がいつまでも悲しんでいる姿を見るのよりも、幸せに過ごしている姿を見たいはずです。

ネザーランドドワーフを自宅の庭に埋める場合

自宅に庭があり、自己所有の土地である場合は、庭に埋葬することができます。

なるべく60㎝以上の深い穴を掘って充分な量の土をかけます。

穴の深さが浅い場合は何かの拍

ペット葬儀屋さん選びの心得

動物の火葬業者には基本的に法的規制がありません。ですので、以下の心得を基本とし、ペット葬儀屋さん選びは慎重に行うことが大切です。

その1 1社だけではなく複数の葬儀屋さんに見積もりを取ること

その2 見積もり依頼の際は、ペットの種類、大きさなどの必要情報を伝え、オプション料金を含めた総額を書面で確認すること

その3 知人に経験者がいれば相談すること

その4 お寺などがある場合は、生前に一度は足を運んでおくこと

子で出てきてしまったり、他の野生動物が臭いを嗅いで掘り出してしまったりする可能性があるので注意しましょう。

葬儀をお願いする場合

ペット葬儀屋さんに火葬をお願いする場合は、複数のペットと一緒に火葬を行う合同葬儀、単独で火葬を行う個別葬儀、飼い主や家族が祭壇の前で最後のお別れをして火葬を行う立ち会い葬儀などさまざまな種類があります。

ペット葬儀屋さんとよく相談して、気になることがあったらすぐに確認してください。

そして、自分の気持ちや予算をよく考えて葬儀の種類を決めるようにしましょう。

亡くなる前の経緯や病気の症状を報告しよう

もしかかりつけの動物病院があったら、亡くなる前の経緯や病気の状態を記録して、かかりつけの獣医師に報告しましょう。

また、亡くなる前の状況をSNSなどで多くの人に共有してみてください。

それが同じような病気や症状を持つネザーランドドワーフを助けられる貴重な手掛かりになるかもしれません。

Check!
ペット葬儀屋さんにお願いする前に確認したいこと

ネザーランドドワーフの火葬をペット葬儀屋さんにお願いする前に
下記のことを確認しておきましょう。

- □ホームページ上で過去にネザーランドドワーフを火葬した実績があるかを確認
- □ペット葬儀屋さんの口コミ情報
- □火葬代にお迎え費用（出張費）は含まれるか否か
- □土日祝も対応してもらえるのか？　追加料金は必要か？
- □葬儀後にかかる費用はあるのか？

<制作スタッフ>

■編集・制作プロデュース / 有限会社イー・プランニング
■監修補助 / うさぎのしっぽ代表　町田修
■ DTP・本文デザイン / 小山弘子
■イラスト / 田渕愛子、ほか
■カメラ / 上林徳寛
■写真提供・撮影協力
有限会社オーグ・うさぎのしっぽ
https://www.rabbittail.com/

ネザーランドドワーフ　飼育バイブル
長く元気に暮らす 50 のポイント

2021 年 12 月 25 日　　第 1 版・第 1 刷発行

監修者　田向　健一（たむかい　けんいち）
発行者　株式会社メイツユニバーサルコンテンツ
　　　　代表者　三渡　治
　　　　〒 102-0093 東京都千代田区平河町一丁目 1-8
印　刷　三松堂株式会社

ご意見・ご感想はホームページから承っております。
ウェブサイト https://www.mates-publishing.co.jp/

編集長：堀明研斗　企画担当：千代 寧